群智能算法
在地球物理中的应用

胡祥云 袁三一 刘 双 著

科学出版社

北京

内 容 简 介

本书主要介绍粒子群、蚁群、鱼群三种群智能算法在重、磁、电、震地球物理数据反演中的应用，包括算法的起源、发展和数学模型，展示三种算法在理论模型数据及实测地球物理数据反演中的应用，讨论算法的收敛性与不确定性等问题。

本书适合地球物理相关专业的本科高年级学生、研究生阅读，也可以供高校、研究所等从事地球物理相关研究的人员参考。

图书在版编目（CIP）数据

群智能算法在地球物理中的应用/胡祥云，袁三一，刘双著.—北京:科学出版社，2020.9
ISBN 978-7-03-064358-2

Ⅰ.① 群… Ⅱ.① 胡…　② 袁…　③ 刘…　Ⅲ. ① 最优化算法-应用-地球物理学-研究　Ⅳ. ① P3

中国版本图书馆 CIP 数据核字（2020）第 021584 号

责任编辑：何　念/责任校对：高　嵘
责任印制：彭　超/封面设计：图阅盛世

科 学 出 版 社 出版

北京东黄城根北街 16 号
邮政编码：100717
http://www.sciencep.com
武汉精一佳印刷有限公司印刷
科学出版社发行　各地新华书店经销
*

开本：787×1092　1/16
2020 年 9 月第 一 版　印张：12 3/4
2020 年 9 月第一次印刷　字数：299 000
定价：**158.00** 元
（如有印装质量问题，我社负责调换）

序　一

众所周知，矿产与油气资源是人类赖以生存与发展的物质基础，是重要的战略资源，关系国民经济安全和社会可持续发展。现阶段，矿产与油气资源勘查离不开重、磁、电、震等地球物理方法。随着勘探程度的不断提高，如何准确、快速地查明地下油气矿藏的有利位置并判断目标体的规模与产状，提高勘探成功率，成为地球物理勘查的重点和难点。针对这一难点，现有地球物理理论与技术迫切需要创新与转变，并且需要发展一系列数据处理新方法、新技术。

自"十三五"规划以来，国家自然科学基金委员会在发展战略布局中提出，要推动领域或区域的自主创新能力提升，鼓励交叉学科、新兴学科和跨学科研究，促进基础研究繁荣发展。近年来，信息技术和人工智能发展迅速，并以前所未有的速度渗透到地球物理的各个方面，悄然改变着人们对地球物理工作的传统思想与认识。群智能是一门非常年轻的科学，目前尚属于研究的起步阶段。因此，在其理论和应用方面还有很大的研究空间，特别是在地球物理领域的应用更是有较大的潜能。

群智能技术自提出以来，不断有学者提出不同的群智能算法，其中以粒子群算法和蚁群算法最具有代表性，理论也更为成熟，应用也更为广泛。因此，作者在该书中重点介绍这两种算法在地球物理研究中的应用。这些算法不仅参数设置简单、计算方便，而且表现出强大的智能行为。对于地球物理反演来说，非线性反演一直以来都是地球物理工作者面临的难题，群智能算法的出现为求解这些问题带来了新的途径，与传统的方法相比更具有优势。因此，在这个人工智能技术逐渐崛起的时代，群智能算法的研究会越来越深入，应用也会更加广泛。

作者首先阐述群智能的起源和发展，其次介绍其理论和方法，最后着重论述粒子群算法、蚁群算法和鱼群算法在地球物理中的应用。该书包括几种群智能算法的理论基础、数学模型、理论模拟及实例应用等，对于从事地球物理相关的研究人员，该书值得借鉴及阅读。

总之，地球物理反演方法，本身是多种学科交叉、融合、渗透的结果。群智能算法作为一种全新的智能、启发式的非线性随机搜索算法，其优秀的全局寻优能力已经在其他领域得到验证，与地球物理反演领域的融合必然会带来更多的思想碰撞。

南方科技大学教授
中国科学院院士
2019 年 7 月 6 日

序　二

　　20世纪的信息革命使人类进入大数据时代，以大数据为基础和以新算法为桥梁的知识创新，推动了所有领域的科技革命。在小数据时代，通过简约就可以应用方程式来建立系统稳态时主要组元的相互作用模型。但是，通过简约的方程式难以描述复杂系统的行为和相变。在21世纪，科学技术的研究路线发生了从寻找普适规律到寻找新算法的巨变。算法研究使机器的学习和思考能力大大提高，对地球物理学的数据处理和反演理论产生了很大影响。20世纪80年代，原来应用于生物研究的遗传算法引入地球物理反演，使我们耳目一新。以后，群智能算法在地球物理反演的应用逐渐展开，胡祥云教授等的这本书及时地对此做了全面的介绍，有重要意义。

　　大自然中生物集群的协同互动，是生物圈自组织的典型行为，是生物智慧的最高体现。系统自组织导致系统的优化，这是群智能的核心理念；群智能算法体现了这个核心理念，有广阔的应用前景。当然，群智能算法还要和地球的地质作用规律密切结合，才能在地球物理反演中应用得越来越好。希望大家努力开拓群智能等大数据时代的新算法，使信息时代的地球科学更加定量化和系统化。

浙江大学教授

中国科学院院士

2019年7月28日

前　言

近年来，我国固体矿产与油气资源勘探程度不断提高，勘探开发对象已逐渐由浅部到深部、由简单构造到复杂构造转变，这一变化对以重、磁、电、震等资料为主的地球物理反演精度提出了新的要求。随着大数据、智能化技术的广泛应用，资源与能源探测技术也受到了新技术革命浪潮的推动，人工智能计算在地球物理领域得到了广泛的体现和应用。针对研究对象的特点，发展完善地球物理反演理论，变革地球物理反演技术，降低地球物理反演结果的不确定性，提升矿床、储层预测精度，已成为资源与能源探测开发获得新突破的重要途径和手段。

地球物理资料反演本质上是一个全局非线性寻优问题，一直以来面临着陷入局部最优解和计算效率低两大困境。人工智能领域发展的大量非线性优化技术，如遗传算法、模拟退火算法、马尔可夫链蒙特卡罗方法等，已被引入地球物理资料反演问题的求解中。其中群智能算法作为一种新兴的演化计算技术，已成为越来越多地球物理学工作者的关注焦点。该算法的提出源于对鸟、蚂蚁、鱼等生物群体行为的观察和研究，是一种在自然界生物群体所表现出的智能现象启发下提出的一类优化算法，主要包括蚁群算法、粒子群算法及鱼群算法等。群智能算法利用群体优势，在没有集中控制，不提供全局模型的前提下，能够提高复杂的非线性反演问题的求解精度与计算效率，具有参数设置少、收敛速度快、精度高及算法简单等优点，是一种有效的、针对非线性多极值问题的反演方法，非常适合于复杂地球物理资料的反演求解。

本书系统地介绍粒子群算法、蚁群算法和鱼群算法的起源、发展和数学模型，展示三种群智能算法在重、磁、电、震资料反演中的应用实例，并对算法的收敛性及不确定性进行探讨。本书共分为 6 章：第 1 章为绪论，主要介绍群智能算法的概念和地球物理最优化反演问题；第 2~3 章为粒子群算法的理论及其在地球物理中的应用，先介绍粒子群算法的起源、发展和数学模型，然后重点阐述该算法在地球物理中的应用；第 4~5 章为蚁群算法的理论及其在地球物理中的应用，章节结构上和粒子群算法类似；第 6 章为鱼群算法及应用，主要介绍算法的起源、发展、数学模型和在重磁反演中的应用。

本书所列相关成果内容是在课题科研团队共同努力下完成的。其中胡祥云负责本书总体结构设计及电磁部分的写作，袁三一负责地震部分的写作，刘双负责重磁部分的写作，最后由胡祥云汇总和整理全书。本书的出版以期达到两个目的：一是将应用人工智能实现地球物理非线性复杂问题反演的理论和方法介绍给国内同行，推动人工智能在固体矿产、油气资源勘查中的应用；二是提升地球物理反演的精度与效率，更好地满足复杂地质构造及油气勘探的需求。

本书的研究成果得到国家重点研发计划"高精度地球物理场观测设备研制"项目（2018YFC1503700）、国家自然科学基金重点项目"华南地块东部岩石圈属性及其动力学过程研究"（41630317）、国家自然科学基金青年科学基金项目"剩磁和退磁条件下磁化强度矢量反演研究"（41604087）、国家自然科学基金面上项目"磁各向异性的地磁异常响应及反演研究"（41874122）、湖北省自然科学基金创新群体项目"深地资源立体探测"（2011CDA123、2015CFA019）的联合资助。

　　由于作者水平有限，书中不足之处在所难免，恳请广大读者批评指正。

作　者

2019 年 7 月

目　　录

第 1 章

绪　　论

　　矿产与油气资源是人类赖以生存和发展的物质基础，是国民经济的重要支柱。我国矿产资源丰富，自 1949 年以来，便开展了大规模的矿产资源勘查工作，取得了大量成就。在金属矿和油气等资源勘探的发展过程中，地球物理探测方法逐渐崭露头角。随着人们对地球物理认识的不断深化，特别是地球物理勘探方法、仪器设备及资料处理的长足进步，其勘探能力迅速提高。矿产资源经过持续多年的勘探开发，其中简单易开采的浅层矿体已被发现和利用，勘探深度不断加深，难度不断加大。在当前攻深找盲、寻找大矿的需求下，对地球物理勘探方法提出了更高的要求，需要不断创新，以及结合其他学科，发展精度高、抗干扰能力强、效率高、处理速度快的地球物理数据处理及反演方法。近几年是人工智能快速发展的时代，智能技术在各方面的运用越来越多。群体智能作为人工智能的一个分支，自 20 世纪 90 年代提出以来发展迅速。实践证明，群智能方法是一种能够解决许多全局优化问题的有效方法。由于群智能算法在很多地球物理优化问题上具有诸多优点，群智能研究成为地球物理未来发展的一个重要方向。

人工智能的发展并不是一帆风顺的，自 20 世纪 50 年代人工智能这一概念提出以来，人工智能经历了多个发展阶段。尤其是 90 年代以来，随着人们对生命本质的认识逐渐深入，生命科学得到了迅速的发展，由此带来了人工智能研究的突破和飞跃。

群智能（swarm intelligence，SI）的概念最早由 Hackwood 和 Beni[1]在分子自动机系统中提出。它属于人工智能自然计算的一种，是为适应复杂系统的计算及最优化求解，而在最近几十年发展起来的新理论。最初由 Bonabeau 等[2]在《群体智能：从自然系统到人工系统》一书中对群智能进行了详细的论述和分析，并将其定义为：任何一种由昆虫群体或其他动物社会行为机制而激发设计出的算法或分布式解决问题的策略均属于群智能。在后来对群智能的进一步发展和研究中，有学者将这一概念进行了进一步解释和归纳，认为群智能是无智能或简单智能的主体通过任何形式的聚集协同而表现出智能行为的特性，这里所表达的不是个体之间的竞争，而是它们之间的协同[3]。

现阶段对于群智能的探索尚在继续，但群智能的应用已经广泛存在于各个学科领域，如地球物理、计算机网络技术、信息通信、自动化工程等都有涉及，在实际应用中已经解决了许多复杂而难以用传统人工智能处理的问题。在群智能不断发展和推陈出新中，其应用面越来越广，也受到越来越多的关注。

1.1　生物种群行为与群智能算法

1.1.1　生物种群行为

大自然中，很多生物都是群居生物，它们不是单独的个体，而是由许多简单的个体单位组合而成的群体，生物种群的标准定义是同一时期内占有一定空间的同种生物个体的集合。个体之间通过各种分工合作、信息交流和协调配合而形成具备一定功能的种群智能系统，这个群体系统往往表现出个体所不具备的强大的生命力和环境适应能力。并且这种能力不是多个个体之间的能力通过简单叠加所获得的。社会性动物群体所拥有的这种特性能帮助个体很好地适应环境，个体所能获得的信息远比它通过自身感觉器官所获得的多，其根本原因在于个体之间存在着信息交互能力。信息的交互过程不仅仅在群体内传播了信息，而且群内个体还能处理信息，并根据所获得的信息（包括环境信息和附近其他个体的信息）改变自身的一些行为模式和规范，这样就使得群体涌现出一些单个个体所不具备的能力和特性，尤其是对环境的适应能力。这种对环境变化所具有的适应能力可以被认为是一种智能，也就是说动物个体通过聚集成群而涌现出了智能[3]。

在现实生活中，我们经常可以看到很多生物聚集成群的现象，如图 1.1 所示。蚂蚁个体行为简单，但群体行为复杂，一群蚂蚁能很快地找到食物距离蚁巢的最短距离，此外，蚁群在遇到障碍物的时候往往能迅速找到避开障碍物的最优化路径。鸟在空中飞行的时候不会和相邻的鸟发生碰撞，并在速度上保存一致，向自己所认为的群体中心靠近，在觅食的时候会根据其他鸟的行为而迅速找到食物。鱼在游动过程中会自然地聚集成群，这也是为了保证群体的生存和躲避危害而形成的一种生活习性；这也是一种觅食行为，鱼群的游动过程中，当其中一条或几条发现食物时，其邻近的伙伴会尾随其后快速到达食物点[4-5]。除此以外还有许多类似的群体行为，如蜜蜂觅食行为、细菌觅食行为、青蛙觅食行为、萤火虫求偶行为、布谷鸟计算寄生育雏繁殖的独特生育行为等。人工模拟不同的生物种群行为，得到相应的计算模型和不同的智能算法理论，为各种疑难问题提供解决思路。

（a）鸟群飞行

（b）鱼群觅食

（d）萤火虫求偶

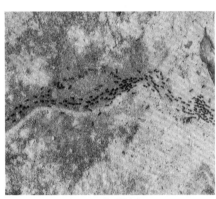

（c）蚁群运食

（e）蜜蜂觅食

图 1.1　各种生物种群行为

1.1.2　群智能算法

　　智能是个体能够有目的的行动、合理的思维且能够有效地适应环境的综合性能力。智能行为包括感知、思维、推理、学习、交流和在复杂环境下的学习。人工智能是表示知识及怎么获得知识并使用知识的科学。传统的智能计算包括遗传算法、模拟退火算法、免疫算法、DNA 计算、量子计算、禁忌搜索算法等。关于动物群体或其他人造系统的智能算法，如粒子群算法、蚁群算法、鱼群算法、人工蜂群算法等也普遍被认为是人工智能的一种（图 1.2），统称群智能算法。

图 1.2　智能算法与群智能算法[7]

　　群智能算法具有简单性、分布性、鲁棒性、良好的可扩展性和广泛的适应性等特点[6]。简单性是指群体中的个体是低智能、简单的，算法执行起来也简单，算法对计算机要求的配置也不高；分布性是指群体中的个体初始分布是均匀或非均匀的随机分布；鲁棒性是指个体没有控制中心，整体不会因为单个个体的因素而受到影响的性质；扩展性是指个体之间不仅可以直接通信还可以通过所处小环境作为媒介进行交互通信；适应性是指群智能算法对要解决的问题是否连续没有特别要求，这使该算法同时适应具有连续性的数值优化和离散化的组合优化[7]。正是因为该算法具有这些优点，所以在相应领域具有相当大的发展潜力，对于许多典型的复杂问题，在其他方法解决不了的情况下，群智能算法可以很方便快捷地处理。因此，群智能逐渐成为一个新的研究方向。

　　群智能在字面上的意思是群体表现出来的智能，是生物种群集合在一起通过相互协作而在宏观上表现出来的智能行为[2]。进一步来说，群智能是一种由无智能或简单智能的个体通过任何形式的聚集协同而表现出的智能行为，是指在没有集中控制且不提供全局模型的前提下，一组相互之间可以进行直接通信或者间接通信的主体对复杂的分布式进行求解的计算技术[8-9]。智能算法是近几十年发展起来的一类基于生物群体行为规律的全局概率搜索算法。这些算法将搜索空间中的每一个可行解视为生物个体，解的搜索和优化过程视为个体的进化或觅食过程[6]。单独个体遵循简单的行为准则，在不同环境下的相互作用表现出主体的智能行为。其中，群智能算法与传统智能算法相比优点有以下几点[9]。

　　（1）采用完全分布式控制来实现个体与个体和个体与环境的交互作用，具有良好的自组织性。

　　（2）个体之间的交流方式是非直接的，各个体通过对环境的感知（感觉能力）来进行合作，确保了系统具有更好的可扩展性和安全性。

　　（3）没有集中控制的约束，系统具有更好的鲁棒性，不会因为个别个体的故障而影响整个问题的求解。

　　（4）在系统中单个个体的能力十分简单，只需要最小智能，这样每个个体的执行时间较短，实现起来比较方便，具有简单性。

现阶段及未来群智能算法的研究方向和内容主要为以下几个方面。

（1）群智能算法性能的改进，包括算法的改进及形式上的变化。群智能算法有时会发生早熟现象，需要对算法进行优化，避免陷入局部最优解。

（2）群智能算法的参数设置。大多数群智能算法的参数比较敏感，如何设置最优参数，这本身又是一个最优化问题。

（3）群智能算法的应用效果方面，包括算法的计算速度、精度及收敛性等。目前针对群智能算法的收敛性和稳定性的理论尚不完善，需要强有力的结果提供支撑。

（4）多种群智能算法之间的相互混合，吸取各自的优点来弥补自身算法的不足，从而提出更有效的算法。

（5）群智能算法的应用中，对于所有可以转为优化的问题，都可以用群智能算法求解。其在地球物理上的应用只是初步阶段，需要更加深入的探讨。

与大多数优化算法不同，群智能算法的寻优过程依靠的是概率搜索。群智能算法中仅涉及各种基本的数学操作，计算相对简单，方法易于实现。另外，其数据处理过程对计算机中央处理器（central processing unit，CPU）和内存的要求也不高。而且，这种方法只需目标函数的输出值，而无需其梯度信息（gradient information）。更为重要的是，群智能潜在的并行性和分布式特点为处理大量的以数据库形式存在的数据提供了技术保证。因此，无论是从理论研究，还是应用研究的角度考虑，进行群智能理论及其应用研究都是具有重要的学术意义和现实价值[8]。

1.2 群智能算法的分类及工程应用

最近的十几年是群智能算法飞速发展的一个阶段。在"群智能"这个概念提出以后，不断有学者和研究人员受到相应的启发，提出许多新的不同的群智能算法并加以完善优化。如今这些算法被广泛应用于各种工程领域，在应用过程中比传统方法取得了更好的应用效果。群智能算法按照方法的不同可以分为蚁群算法、粒子群算法、鱼群算法、混合蛙跳算法、萤火虫算法、人工蜂群算法、入侵杂草算法、布谷鸟搜索算法等，其中蚁群算法和粒子群算法比其他算法的研究更为成熟，应用也更为广泛。群智能算法的主要应用领域包括：多目标优化、数据聚类、模式识别、数据分类、生物系统建模、流程规划、信号处理、机器人控制、电信服务质量管理、决策支持及仿真和系统辨识等[5, 10]。

下面简单介绍粒子群算法、蚁群算法、鱼群算法等算法的起源和思想原理及相应的工程应用。

1.2.1 粒子群算法

粒子群算法（particle swarm optimization，PSO）是 1995 年由美国的 Kennedy 和 Eberhart[11]提出来的一种新型算法，是在受到鸟类觅食行为的启发后，通过模仿其个体之间相互协作的群体寻优行为得到的生物仿真智能算法。两位学者注意到鸟群在飞行过程中遵循一定的规律，一群在天空整齐飞行的鸟群在方向和速度不断变化的过程中，鸟儿彼此之间不会发生碰撞和干扰；鸟儿在觅食的行进过程中，鸟儿和群体之间存在一种信息反馈机制，每个鸟儿会根据自身和群体的信息，不断调整自己的速度、方向及位置，从而让自身处于鸟群最佳位置，鸟群自然而然就保持良好的队列，如图 1.3 所示。

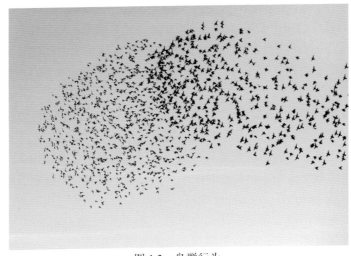

图 1.3　鸟群行为

因此，在粒子群算法中，每个优化问题的解相当于搜索空间中的一只鸟，人们称为"粒子"。所有的粒子都有一个由被优化的函数决定的适应值，每个粒子还有一个速度决定它们飞翔的方向和距离。然后粒子们就追随当前的最优粒子在解空间中搜索。粒子群算法的优势在于算法简单易实现，没有很多参数需要调整，而且不需要梯度信息。粒子群算法对于解决非线性连续优化问题、组合优化问题和混合整数非线性优化问题十分有效[8, 10, 12]。由于粒子群算法有概念简明、应用方便等诸多优点，该算法在神经网络优化及布局优化、函数优化、约束优化、模式分类、参数优化、组合优化、模糊系统控制、机器人路径规划、信号处理、模式识别、旅行商问题（traveling salesman problem，TSP）、车间调度等工程领域都有较成功的应用。此外，该算法在多目标优化、自动目标检测、生物信号识别、决策调度、系统辨识及游戏训练等方面也取得了一定的成果[5, 10, 13]。

国内外学者对粒子群算法有过很多研究。瞿博阳等[14]针对求解多模态优化问题难度较高的问题，提出用粒子群算法求解多模态问题，试验结果表明，引入线性递减惯性权重的环型拓扑结构粒子群算法的搜索能力明显更强；Pathak 等[15]提出了一种改进的粒子群算法，用于评估坐标测量数据点集的形状误差，结果表明该算法比其他传统的启发式优化算法更有效，更准确；程声烽等[16]针对变压器故障征兆和故障类型的非线性特性，利用粒子群算法的小波神经网络可以有效地解决变压器故障诊断，为变压器故障诊断提供了一条新途径；Hemanth 等[17]在图像隐写技术中结合遗传算法和粒子群算法以提高图像隐写系统的效率；秦全德和李荣钧[18]将兼性寄生行为的机制嵌入粒子群算法中，构建了一种由宿主群和寄生群两个种群组成的粒子群算法，其用来分析生物共生关系非常有效；韩瑞通等[19]介绍了粒子群算法在大地电磁反演上的应用，克服了算法寻优过程中局部收敛的问题，提高了收敛速度。随着各领域研究人员和学者对粒子群算法的推陈出新，不断地对该算法进行优化，粒子群算法的研究越来越成熟，应用也更加广泛。

1.2.2 蚁群算法

蚁群算法（ant colony optimization，ACO）首先是由意大利学者 Dorigo 等[20]在 20 世纪 90 年代提出来的。随后几年，Dorigo 等将蚁群算法进一步发展成一种通用的优化技术，且总结出 ACO 的核心思想[21-23]。Dorigo 等系统阐述了 ACO 的基本原理和数学模型，将其与遗传算法、禁忌搜索算法、模拟退火算法、爬山法等仿真比较，均获得较好的结果[21-23]。ACO 是继模拟退火算法、遗传算法、拓扑算法和人工神经网络等启发式随机搜索算法之后的又一种应用于组合优化问题的算法。如图 1.4 所示，ACO 的基本思想是模仿蚂蚁在觅食过程中沿不同路径寻找食物，在短路径上行走的蚂蚁来回时间短，单位时间内这条路径上的蚂蚁数量就多，留下的信息素也越多，从而吸引更多的蚂蚁聚集到这条路径上，这条路径就是最短路径。从而在现实运用当中，根据蚂蚁能在短时间内利用自己独特的群体信息机制而快速地找到食物源的现象，通过随机的试探和信息正反馈机制去迅速地找到问题的最优解，这种分布式计算可以避免过早地收敛，能在早期的寻优中迅速找到合适的解决方案，ACO 已经被成功地运用于许多能被表达为在图表上寻找最佳路径的问题。ACO 在控制与决策问题的求解中取得了较好的效果，如旅行商问题、背包问题（quadratic assignment problem，QAP）、指派问题（job-shop scheduling problem，JSP）等经典问题。此外，在实际应用中，ACO 还可以用于电力系统故障诊断、模糊系统、数据挖掘、聚类分析及设计无线响应数字滤波器等。蚁群算法在系统辨识、图像处理及化学工程等方面也有相关的研究[10, 12, 24]。

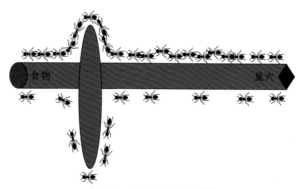

图 1.4 蚁群觅食行为[25]

蚁群算法在各个领域的研究都比较成熟。尧海昌等[26]利用蚁群算法实现了对轨道交通高效的负载均衡调度，对轨道交通的安全运行起到了至关重要的作用；蒲伦等[27]充分发挥蚁群算法的优点，通过构建高精度的全球定位系统（global positioning system，GPS）拟合模型，为复杂山区寻找最优特征点提供了更有效的途径；史恩秀等[28]在蚁群算法的基础上通过仿真试验对不同工作条件下的机器人进行了全局规划，验证了蚁群算法及相关参数的准确性；许川配等[29]提出了一种基于蚁群算法的测试路径优化方案，实现对数字微流控芯片的在线测试；Tomera[30]描述了蚁群算法在优化船舶航向控制器参数中的应用，通过蚁群算法评估船舶航向控制器的调谐参数，证实了蚁群算法在评估比例积分微分（proportional plus integral plus derivative，PID）控制器参数调整的有效性；Afshar[31]提出了连续蚁群优化算法在下水道网络优化设计中的应用，该方法在定位最优解决方案方面非常有效；严哲等[32]根据蚁群算法的原理将其应用到非线性振幅随炮检距变化（amplitude versus offset，AVO）反演中，反演结果与理论模型基本吻合。因此，基于蚁群算法的优点及解决问题的可适用性，该算法的应用非常广泛，也得到了更多人的关注。

1.2.3 鱼群算法

鱼群算法是2002年由李晓磊等[4]根据鱼群行为的特点，并应用动物自治体的模型，提出的一种自下而上的寻优算法。李晓磊等[4]在对鱼群观察后发现鱼群存在几种不同的行为。其一，鱼在水中自由而随机地游动，当食物出现时，鱼群会向着食物浓度最大的地方游去并聚集在一块；其二，鱼在游动过程中会自然地聚集成群，聚集在一块时它们会尽量避免过于拥挤，尽量与相邻伙伴平均方向保持一致，尽量向邻近伙伴中心靠近；其三，当鱼群中其中一两条鱼发现食物后，其他附近的伙伴会迅速尾随快速到达食物点。这三种行为分别叫作：鱼的觅食行为、鱼的聚群行为、鱼的追尾行为，如图1.5所示。在鱼群算法中，将人工鱼随机分布到一个包含局部最优值和全局最优值的解空间里，其中最优值代表食物浓度，全局最优值代表食物最大浓度。通过相应的移动策略使人工鱼在空间中进行寻优，每进行一次行动，就记录下自身状态并和公告板进行比较，若优于公告板则改写公告板状态，如此反复就能找到历史最优解。鱼群算法已在参数估计、组合优化、前向神经网络优化、电力系统无功优化、输电网规划、边坡稳定、非线性方程求解等方面得到应用，且取得了较好的效果[4, 9-10]。

图 1.5　鱼群觅食、聚群、追尾行为

鱼群算法相对于蚁群算法和粒子群算法来说发展要晚，理论和概念处于起步阶段，但也在相应领域取得了较好的成果。汪晨和张玲华[33]针对传统质心定位算法精度不高的问题，提出了一种基于鱼群算法的改进质心定位算法，该算法的定位精度更高，稳定性更好，收敛速度更快，具有优越性和可行性。Janaki 和 Geetha[34]针对医学癌症上放射科医师需要检查可疑病变的巨大数据量，提出了一种基于鱼群聚类算法的乳腺动态增强核共振成像中可疑病变分割新方法,这可以帮助医生在最短的时间内定位可疑区域的任务；周利民[35]在对无线传感器网络覆盖优化研究中提出了一种基于改进鱼群算法的覆盖优化策略，使用禁忌搜索的思想改进基本鱼群算法，结果显示改进的鱼群算法能快速求得最优覆盖节点集，提高网络的能效性和节点调度的实时性；胡祖志等[36]将鱼群算法引入地球物理中的大地电磁非线性反演问题上，实测数据的处理结果表明，该算法可以用来处理实际资料，并且能够取得很好的应用效果。

1.2.4　其他算法

其他生物种群行为也衍生出相应的群智能算法，如布谷鸟、蜂群、萤火虫，如图 1.6所示。下面简单介绍几种不常见的群智能算法，这些算法在现阶段的研究比较少，还处于探索时期，虽然此时这些算法还没有大量运用于实际，但是这些新的尚未深入研究的算法在未来也具有很大的潜力。

（a）布谷鸟繁衍后代

（b）蜂群协同合作

（c）萤火虫求偶

图 1.6　其他生物种群

　　人工蜂群算法：2005 年，Karaboga 和 Akay[37]在受到蜜蜂采蜜行为的启发后提出来一个新颖的人工蜂群算法。蜜蜂在采蜜过程中，每个蜜蜂都有明确的分工，尤其当蜂巢所处环境发生变化时，蜂群会灵活调整群内的各种分工，增加或者减少采蜜蜂和侦察蜂的数量，如此合理的分工规律可以很好地让蜂群运作下去。在算法中，人工蜜蜂随机分布在解空间中，把食物源与可行解对应起来，通过雇佣蜂、跟随蜂、侦察蜂三种蜜蜂进行可行解修正。通过相互的信息交流，最终找到总的食物源信息。人工蜂群算法具有多角色分配与协同机制，已经应用于图像处理、组合优化、网络路由、函数优化、机器人路径规划等领域[10, 12, 37]。

　　萤火虫算法：2008 年由剑桥学者 Yang[38]根据萤火虫个体的发光特性和相互吸引的行为启发得到的一种智能算法。其基本思想是将萤火虫个体作为解，随机地分布于解空间中，解的搜索和优化过程视为每只萤火虫的移动和吸引过程，个体所在位置的优劣用来衡量所求问题的目标函数。萤火虫算法具有概念简单、需要调整的参数少、易于应用和实现等优点。萤火虫算法是一种高效的优化算法，目前已初步应用在路径规划、神经网络训练、天线阵列设计优化、图像处理、机械结构设计优化、负载经济均衡分配问题、复杂函数优化等方面[10, 38-39]。

　　布谷鸟搜索算法：2009 年，剑桥大学的 Yang 和 Deb[40]通过模拟布谷鸟寻巢产蛋行为提出一种布谷鸟算法。布谷鸟自己不会筑巢，其孵化繁殖后代是通过将鸟蛋产在其他鸟的鸟巢里来完成的。布谷鸟繁衍后代时通常将蛋产在其他鸟类的巢穴，由其他鸟类代养幼鸟，而一旦被宿主鸟发现，宿主鸟将放弃该巢穴，建造新巢。布谷鸟寻巢产蛋的方法和过程可以理想化为几点：每只布谷鸟每次产一枚蛋，且随机寄宿到其他鸟的巢穴中进行孵化；所有巢穴中最好的鸟蛋将被保留到下一代；种群规模和鸟巢数量是一定的，宿主鸟发现布谷鸟鸟蛋的概率一定。根据布谷鸟寻巢寄生繁殖机理，利用新的可行解代替寄宿巢里不好的可行解，并利用莱维飞行搜索原理搜索路径。布谷鸟搜索算法简单，易于实现，已经成功应用于工程优化的各个方面[12, 38]。

1.3　群智能算法在地球物理中的应用研究进展

　　随着群智能算法的不断发展，其在地球物理领域的应用也越来越多，并取得一定的研究成果。特别是对于地球物理勘探来说，重、磁、电、震等方法测量得到的数据量十分庞大，在资料解释、数据反演、参数求取等过程中往往非常复杂烦琐。所以，后来引入了神经网络、遗传算法等智能算法，使这些困难的工作变得简单方便。但是这些传统智能算法有一定的局限性，如容易陷入局部最优解、收敛速度慢、过学习和推广能力差、精度不高等。因此，亟须寻找到更好更智能的方法来弥补传统智能算法的不足，而群智能算法具有传统智能算法所不具有的优势，在地球物理领域得到了许多研究人员的关注，并得到了很好的应用效果。

1.3.1　地球物理反演问题研究进展

地球物理反演是地球物理勘探中极其重要的一部分，按照反演方式的不同可分为线性反演和非线性反演，其中线性反演技术起步早，理论比较完整，应用比较广泛。而非线性反演相对来说比较复杂，难以运用到实际情况中。而往往实际中遇到的问题就是非线性反演问题，大多数地球物理反演问题属于一类非线性优化问题。最早求解非线性反演问题的方法主要是通过线性化处理技术，根据未知参数的初始估计，通过局部求导迭代改进初始模型，逐步逼近最优解，该算法不仅耗时长，而且不能保证全局收敛性，并且对初始模型依赖性较强。这样处理得到的结果常常出现陷入局部最优解、曲线拟合效果不佳等问题，并且该算法非常依赖初始值的精度[41]。群智能算法方便、收敛快、设置参数少，易于同其他算法结合，形成互补算法，达到提高搜索性能的目的。因此这些算法很快用于地球物理反演问题上，蚁群算法、粒子群算法、鱼群算法和其他混合智能算法在层速度、波阻抗、非线性 AVO、测井、重磁、核磁共振等反演问题上都有过相关的研究并取得很好的应用效果（表 1.1 和表 1.2）。

表 1.1　群智能算法在重、磁、电数据反演中的应用

作者	研究内容及成果
Xiong 和 Zhang[42]	提出多目标粒子群反演算法，以二维磁测数据反演为例，模型试验后，算法可以解决正则化因子选取困难和初始模型依赖问题
胡祖志等[36]	将人工鱼群算法引入地球物理反演中，提出了非线性的大地电磁鱼群算法最优化反演
刘双等[24]	用连续域多变量目标函数优化蚁群算法，对磁测资料的模型参数反演进行理论模拟，并在实例运用中取得良好的效果
明圆圆和范美宁[43]	根据已知重力异常确定密度参数，提出利用鱼群算法寻求最优解对重力密度异常进行反演的方法
李倩和黄临平[44]	通过分析鱼群算法的原理，用该非线性算法实现重磁位场反演，并且在理论模型的试验中，证明了算法的抗噪能力
王书明等[45]	实现了应用改进的基于网格划分的连续域蚁群算法求解一维大地电磁测深反演问题，结果表明，反演结果接近理论模型
张大莲等[46]	通过理论模型试验和实例分析，将粒子群算法运用于磁测资料井地联合反演，取得了比较好的效果
师学明等[47]	提出阻尼粒子群优化算法，并对大地电磁测深数据进行了反演试算，结果表明了该算法的有效性

表 1.2　群智能算法在地震、测井数据处理与反演中的应用

作者	研究内容及成果
方中于等[48]	利用遗传-粒子群协同进化算法对实际地震数据进行叠前非线性 AVO 反演，验证了算法的应用效果和适用性
熊杰等[49]	设计了一种基于粒子群优化的反演方法，其具有较好的全局寻优和抗噪声能力，能有效反演感应测井数据
刘建军等[50]	在测井反演解释中提出用量子粒子群算法来确定侧向测井几何因子表达式，结果表明在现实测井中有较好的应用价值

作者	研究内容及成果
Song 等[51]	提出并测试了一种新的基于粒子群优化的瑞利波频散曲线反演方案,结果表明该算法可用于瑞利波频散曲线的定量解释
翟佳羽等[52]	使用蚁群算法以提高地震反演速度的方法,对层状介质模型及实测数据的频散曲线进行反演
张进等[53]	利用蚁群算法和混沌搜索原理相结合的方法对试验模型和实际数据进行弹性波阻抗发展,结果稳定可靠
黄捍东等[54]	介绍了蚁群算法用于层速度反演的方法和原理,经过模型验证,表明由蚁群反演算法求取的层速度与理论速度模型基本一致
蔡涵鹏等[55]	基于粒子群算法的原理,提出了地震道反演中粒子群算法的实现方法,并详细分析了粒子群算法的抗噪能力
袁三一和陈小宏[56]	介绍了粒子群算法的基本原理,并将其应用到子波提取与层速度反演中
易远元等[57]	通过对粒子群算法原理的研究,提出了地震波阻抗反演的粒子群算法实现方法
陈双全等[58]	通过分析蚁群算法的原理,提出了地震道非线性反演中蚁群算法的实现方法
严哲等[32]	通过分析蚁群算法的原理,进行地震 AVO 数据反演

1.3.2　其他地球物理问题研究进展

群智能算法在其他地球物理问题上也有比较深入的应用。断层检测和断层追踪是地震解释中一项复杂烦琐的工作,而利用蚁群优化算法对断层进行自动追踪和检测,不仅可以有效地压制噪声和地层残余响应产生的伪断层信息,而且在提高计算效率、减小计算量和抑制线性噪声方面具有一定的优越性。对于磁场测量存在的误差问题,通过蚁群算法仿真求解,测量模型可以稳定收敛于最优值。还可以利用磁测数据,以适当的计算量,有效实现任意形状路径的地磁场匹配。蚁群算法除了识别准确率高、运算速度快外,还是一种有效的区域裂缝预测和岩性识别手段。在地震勘探数据采集过程中,经常会遇到炮点实际位置和设计位置不一致的情况,为了解决这个问题,通过粒子群算法去求解目标函数得到最优解即炮点位置。在地震灾害预测问题上,结合粒子群算法,可以根据异常指标数据得到一个预测地震等级的计算模型。该算法比其他传统算法预测精确度要高。同时,粒子群算法在提取地震子波、估计转换波的静校正、反演断层滑动速率等方面都有应用。

1.4　地球物理最优化反演理论

在地球物理中,通常把由源推导出场的分布属性的这一过程称为正演,而反过来由已知场推导出对应源的问题称为反演问题。反演问题一直以来都是地球物理学的一个核心问题,我们对于地球内部的认识是通过各种地球物理方法所观测得到的数据资料进行反演得到的。但反演问题非常复杂，往往比正演涉及更多的问题。一般来说，正演问题都只是唯一解，而反演问题常常是多解的，这是场的等效性及模型参数与观测数据之间的不确定性造成的。反演问题的求解，是利用观测资料结合从理论和实践中总结出的某些"先验信息"，对未知的模型进行逻辑推导的过程，其解是经过演绎归纳得到的估计[41]。估计就是指得到的结果不精确，存在误差。我们需要把这个误差降到最小，所以就出现了对反演问题进行最优化求解的问题。反演问题研究的最终目的就是在同等信息量的条件下最大限度地提高解的优度。

对非线性反演问题中的误差泛函求解极小化问题时，为了保证问题的收敛或求解过程的稳定，以及提高收敛速度，需对迭代步长和方向做出引导，此过程称为优化。从数学角度讲，最优化方法是一种求极值的方法，在约束条件或者无约束条件下使系统的目标函数达到极大值或者极小值。在求解地球物理反演问题时，遇到的最优化问题大多是确定一个多元函数的非线性极值问题。

1.4.1　多元函数泰勒展开及最优化条件

假设对于变量 x，若函数 $f(x)$ 在 x_k 处有定义，并且至少存在二次导数，则一元函数在 x_k 处的泰勒展开式为

$$f(x) = f(x_k) + (x - x_k) f'_x(x_k) + \frac{1}{2!}(x - x_k) f''_y(x_k) + o^n \tag{1.1}$$

二元函数在点 (x_k, y_k) 处的泰勒展开式为

$$
\begin{aligned}
f(x, y) = {} & f(x_k, y_k) + (x - x_k) f'_x(x_k, y_k) + (y - y_k) f'_y(x_k, y_k) \\
& + \frac{1}{2!}(x - x_k)^2 f''_{xx}(x_k, y_k) + \frac{1}{2!}(x - x_k)(y - y_k) f''_{xy}(x_k, y_k) \\
& + \frac{1}{2!}(x - x_k)(y - y_k) f''_{yx}(x_k, y_k) + \frac{1}{2!}(y - y_k)^2 f''_{yy}(x_k, y_k) + o^n
\end{aligned}
\tag{1.2}
$$

同理，多元函数 (n) 在 $\boldsymbol{x}_k$ 处的泰勒展开式为

$$
\begin{aligned}
f(x^1, x^2, \cdots, x^n) = {} & f(x_k^1, x_k^2, \cdots, x_k^n) + \sum_{i=1}^{n}(x^i - x_k^i) f'_{x^i}(x_k^1, x_k^2, \cdots, x_k^n) \\
& + \frac{1}{2!}\sum_{i,j=1}^{n}(x^i - x_k^i)(x^j - x_k^j) f''_{xy}(x_k^1, x_k^2, \cdots, x_k^n) + o^n
\end{aligned}
\tag{1.3}
$$

把泰勒展开式写成矩阵的形式：

$$f(\boldsymbol{X}) = f(\boldsymbol{X}_k) + [\nabla f(\boldsymbol{X}_k)]^{\mathrm{T}}(\boldsymbol{X} - \boldsymbol{X}_k) + \frac{1}{2!}[\boldsymbol{X} - \boldsymbol{X}_k]^{\mathrm{T}} H(\boldsymbol{X}_k)[\boldsymbol{X} - \boldsymbol{X}_k] + o^n \tag{1.4}$$

其中

$$\nabla f(\boldsymbol{X}_k) = \left[\frac{\partial f(x_k)}{\partial x_1}, \frac{\partial f(x_k)}{\partial x_2}, \cdots, \frac{\partial f(x_k)}{\partial x_n}\right]^{\mathrm{T}} \tag{1.5}$$

$$H(\boldsymbol{X}_k) = \begin{bmatrix} \dfrac{\partial^2 f(x_k)}{\partial x_1^2} & \dfrac{\partial^2 f(x_k)}{\partial x_1 \partial x_2} & \cdots & \dfrac{\partial^2 f(x_k)}{\partial x_1 \partial x_n} \\ \dfrac{\partial^2 f(x_k)}{\partial x_2 \partial x_1} & \dfrac{\partial^2 f(x_k)}{\partial x_2^2} & \cdots & \dfrac{\partial^2 f(x_k)}{\partial x_2 \partial_n} \\ \vdots & \vdots & & \vdots \\ \dfrac{\partial^2 f(x_k)}{\partial x_n \partial x_1} & \dfrac{\partial^2 f(x_k)}{\partial x_n \partial x_2} & \cdots & \dfrac{\partial^2 f(x_k)}{\partial x_n^2} \end{bmatrix} \tag{1.6}$$

显然，$\nabla f(\boldsymbol{X}_k)$ 为 $f(\boldsymbol{X})$ 在 $\boldsymbol{X}_k$ 处的梯度；$H(\boldsymbol{X}_k)$ 为 $f(\boldsymbol{X})$ 的黑塞矩阵。由数学场论知识可知，∇f 的方向是该函数增加最快的方向，反之 $-\nabla f$ 的方向为函数减小最快的方向，因此称为"最速下降方向"。此外，由矩阵知识可以知道黑塞矩阵为对称矩阵。

此时的函数是一个非线性的函数，要对函数求极值及最优化条件时，通常是将函数的高次项省略，若忽略式（1.4）中一次以上的项，则式（1.4）可以近似写为

$$f(\boldsymbol{X}) = f(\boldsymbol{X}_k) + [\nabla f(\boldsymbol{X}_k)]^{\mathrm{T}} (\boldsymbol{X} - \boldsymbol{X}_k) \tag{1.7}$$

这是将函数 $f(\boldsymbol{X})$ 线性化的结果。若忽略二次以上的项，则有

$$f(\boldsymbol{X}) = f(\boldsymbol{X}_k) + [\nabla f(\boldsymbol{X}_k)]^{\mathrm{T}} (\boldsymbol{X} - \boldsymbol{X}_k) + \frac{1}{2!} [\boldsymbol{X} - \boldsymbol{X}_k]^{\mathrm{T}} H(\boldsymbol{X}_k) [\boldsymbol{X} - \boldsymbol{X}_k] \tag{1.8}$$

此时函数 $f(\boldsymbol{X})$ 是一个二次型函数。

在数学上，多元函数的极值有不同的形式，分为全局严格极值点、全局非严格极值点、严格局部极值点、非严格局部极值点。其中严格极值点是在定义域内该极值只对应一个极值点，而非严格极值点一个极值可能对应两个以上的极值点。全局和局部是从属关系，一般来说局部极值点和全局极值点不同，除非它在其定义域内只有一个值。目前，在求取函数极值的最优化方法中，几乎没有求取全局极值的方法，都是求取局部极值的方法。然而，对于地球物理反演问题需要求取全局意义上的最优解，因此，就得附加一些其他条件，使得局部最小可以成为全局最小。

经过前人研究，多元函数 $f(\boldsymbol{X})$ 在 $\boldsymbol{X}_k$ 处存在局部极小的必要条件是

$$\nabla f(\boldsymbol{X}_k) = 0 \tag{1.9}$$

而充分条件是黑塞矩阵是正定矩阵。

与线性反演一样，大多数非线性反演方法都是基于最优化的原理，即从大量已知模型的正演结果，选出方差最小的那个模型作为待求模型的解。非线性方法的研究对完善地球物理反演理论及提高应用效果具有重要性，因此对非线性地球物理反演方法的研究也越来越多，也更加成熟。

1.4.2　最优化方法

最优化指的是在多种可行的方案中找到其中最好的一个，也就是说，针对某一问题，

在一定条件下，将问题转化为具有一定物理意义的数学函数，通过求解函数的最小值（或最大值），得到问题的最优解。早在 17 世纪，英国的牛顿（Newton）及德国的莱布尼茨（Leibnitz）发明的微积分理论中就包含了最优化理论，而法国的柯西（Cauchy）首次将最速下降法应用到无约束优化问题的求解中。拉格朗日（Lagrange）乘数法是最早应用于求解约束优化问题的算法[59]。通常，可以将求解最优化问题的方法分为两类：一类是通过线性迭代的搜索方法，搜索方向由目标函数的梯度信息确定，它是一种对初始模型依赖性较大的局部搜索方法；另一类是非线性随机搜索的迭代方法，其对目标函数的梯度信息及初始模型依赖性较小。

粒子群算法和蚁群算法等群智能算法本质上属于一种仿生类群智能最优化方法，其最大的特点在于双随机性，而地球物理反演本质上是一种最优化问题。通常，根据最优化问题中涉及的变量、约束条件、目标函数、问题性质、计算时间及函数与变量之间的关系，可以将最优化问题分为以下几种[60]。

（1）多变量和单变量优化问题。若所要求解的参量含有多个，则为多变量优化问题；反之，则为单变量优化问题。

（2）连续和离散优化问题。若在可行域内的解无穷多个且可以连续变化，则为连续优化问题；反之，可行域内的变量是有限的，则为离散优化问题。

（3）约束和无约束优化问题。若对搜索施加一定的控制或限制，则为约束优化问题；反之，若待求参数为自由变量，则对应的优化问题就是无约束优化问题。

（4）单目标和多目标优化问题。若只有一个目标函数的优化问题，则为单目标优化问题；不止一个目标函数的则为多目标优化问题。

（5）光滑优化和非光滑优化问题。若目标函数及约束条件均连续可微，则为光滑优化问题；反之，只要两者中有一个函数不连续或不可微，则为非光滑优化问题。

（6）线性和非线性优化问题。若目标函数及约束条件与待求解的参数存在线性关系，则这类问题就是线性优化问题；只要目标函数与约束条件中至少有一项与变量之间为非线性函数关系，则这类问题就是非线性优化问题。

（7）确定性和随机性优化问题。若目标函数和可行域均确定，则为确定性优化问题；若两者均为随机的、不确定的，则为随机性优化问题。

（8）根据问题与算法运行时间之间的关系还可分为静态优化问题和动态优化问题。

通常，求解最优化问题的方法大致可以分为两类：一类为确定性方法，如最小二乘和线性规划意义下的非线性优化方法；另一类则是随机搜索方法，包括蒙特卡罗算法、遗传算法等。

随着科学技术的迅速发展，对求解问题的维数需求更高，精度更准确，在求解多峰、不可微或高度非线性优化问题时，传统的线性优化方法已显得力不从心。自 20 世纪 80 年代，生物学家及科学家对生物的行为产生了极大的兴趣与关注。自然界的群体生物在迁徙或觅食过程中表现出了高度的组织性和规律性，如鸟群、鱼群突然改变运动方向和轨迹，聚散不可预测，但同时也体现了个体分析认知与群体协作的能力，通过模拟与试验，一类基于模拟生物群体行为的智能优化算法诞生了，这就是当时的"群智能"，或称

"群体算法"。通过个体与群体间信息交换与分工协作，调整自身及群体的运动方向及路径，体现了一种对环境的适应能力。群智能算法可以执行简单的空间与时间的计算，并通过数学物理模型中的目标函数状况对环境中的品质因素做出响应来指导个体寻优。

通过对这种生物进化过程的研究，一些学者提出了一系列的进化算法，如遗传算法、蚁群算法、禁忌搜索算法，粒子群算法也是在这种大环境下应运而生的，这些算法在实际应用中也体现了自组织、自适应和自学习等特征，其具体实现步骤如图 1.7 所示。

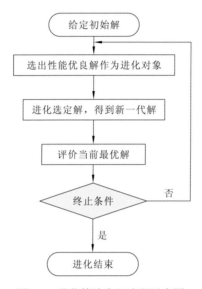

图 1.7　进化算法实现流程示意图

李宁[60]对现有的优化算法作了系统性分类，如图 1.8 所示，其中基于随机搜索的概率类算法得到广泛应用。目前，具有代表性的群智能算法有蚁群算法与粒子群算法。前者是对蚂蚁群体觅食行为的模拟，而后者则源于对简单社会系统的模拟。与多数基于梯度的优化方法不同，群智能算法利用较多的评价函数通过概率搜索实现优化，其优点表现在以下方面。

（1）基于群体的行为进行优化，当个别个体出现故障时，不会对求解优化问题产生太大的影响，因此，系统具有更强的鲁棒性。

（2）系统个体间以间接信息交流方式确保系统的扩展性。

（3）群智能算法存在天然的并行分布式处理模式，可充分利用多处理器。

（4）算法对计算机 CPU 和内存要求也不高，对函数连续性及可导性无要求。

（5）算法易于实现，收敛速度快。

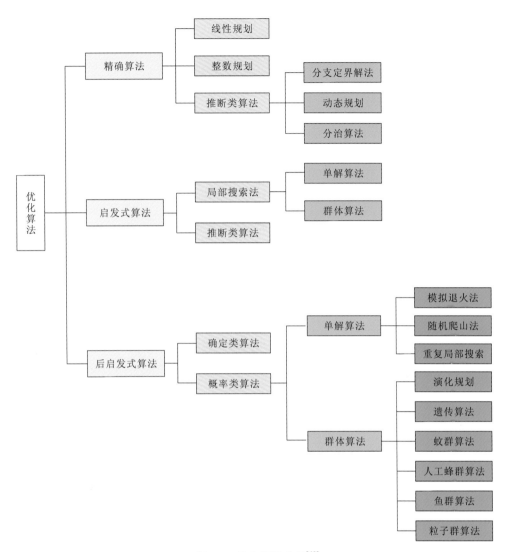

图 1.8　优化算法分类[60]

第 2 章
粒子群算法理论

　　本章主要介绍粒子群算法的理论基础，分别从粒子群算法的起源、发展及数学模型等方面展开讨论和阐述，为第 3 章探讨粒子群算法在地球物理中的应用作铺垫，也是第 3 章的先导知识。

2.1 粒子群算法的起源和发展

2.1.1 粒子群算法的起源

在大自然中，我们经常可以看到鸟儿成群结队在天空中飞翔，虽然它们个体行为看上去简单，但群体飞行表现出来的转向、分散、聚集等行为的一致性却是复杂的，这引起很多学者的兴趣。在 1987 年，动物学家 Reynolds[61]就对鸟群飞行行为进行了模拟研究。另两位学者 Heppner 和 Grenander[62]猜测鸟群之所以能够在快速飞行中保持良好的队形，是因为每个鸟个体之间保持着最优的距离，他们还为此建立了数学模型，利用计算机来模拟这些鸟的飞行行为。通过研究表明，群体信息交流是非常重要的。还有研究人员把该生物行为和人的社会行为相类比，即一个人是如何通过调整个人行为使自身和其他社会成员保持一致，并取得有利于自己的位置。一个人为了避免和其他成员产生冲突，通常会利用自己以前的经验或其他人的社会经验来调整自己的行为，这是粒子群算法的另一个思想来源。

Reynolds[61]同时也提出了一个模型，用来模拟鸟类聚集飞行的行为。在这个模型中，每个个体的行为只和周围邻近个体的行为有关，每个个体遵循以下三条规则。

（1）避免碰撞：避免和邻近的个体相碰撞。

（2）速度一致：和邻近的个体的平均速度保持一致。

（3）向中心聚集：向邻近个体的平均位置移动。

后来，美国的 Kennedy 和 Eberhart[11]受鸟群觅食行为的启发而提出了粒子群算法，是基于对简化的社会模型的模拟，其本质上可以视为一种双随机性仿生类的最优化搜索算法。与常规仿生算法不同，粒子群算法中所有的粒子都有一个被目标函数决定的适应值（候选解）和一个决定它们飞翔方向与距离的速度，每个粒子在模型空间中随机进行全局搜索，每次迭代搜索后，每个粒子搜索的解会与自身进行比较，形成局部最优解，同时个体粒子间相互比较形成全局最优解。粒子在进行下一次迭代时，结合自身的随机解和上一次迭代产生的局部、全局最优解来决定下一次飞行的方向和步长，在每一次迭代过程中，粒子追逐两个极值来更新自己的位置，直到粒子搜索的解可以满足目标函数拟合误差要求，或搜索迭代次数达到设定的最大次数时停止。

2.1.2 粒子群算法的发展

粒子群算法自 1995 年被提出以来一直倍受国内外众多学者的关注。在这二十多年的快速发展中，出现了许多针对粒子群算法的研究成果，主要包括以下两个方面。

1. 粒子群算法机制

与其他全局最优化算法所面临的难题一样，粒子群算法也存在早熟收敛的问题。当前，粒子群算法的改进主要集中在如何解决早熟收敛和加快收敛速度这两个问题上。通常，这两个问题往往是自相矛盾的，一味地要求提高收敛速度可能会导致早熟收敛，而避免早熟现象又会要求以牺牲收敛速度为代价。目前，在避免早熟现象方面，主要研究如何跳出局部极小和保持种群多样性，本书在第 2 章和第 3 章将重点讨论粒子群算法的收敛性及多样性问题；在加快收敛速度方面，主要是选择合适的参数和结合其他算法进行联合寻优，2.2 节将对粒子群算法的参数选取进行分析。

目前，粒子群算法的改进方面已经取得了不错的成果：Kennedy 和 Eberhart[63]提出二进制粒子群算法，并将改进算法应用到解决组合优化问题中，并取得较好的仿真效果；1998 年，Shi 和 Eberhart[64]提出标准粒子群算法，通过在速度更新公式中引入惯性权重，有效控制粒子搜索的步长和方向，并提出惯性权重随迭代搜索过程在一定范围内呈线性衰减策略，极好地平衡了算法的全局搜索和局部搜索能力；随后，Shi 和 Eberhart[65]又在粒子群算法中引入模糊概念，较好地解决了试验中的单峰函数问题；Angeline[66]将遗传算法中的选择算子引入粒子群算法中，通过选择较优粒子替换较差粒子，提高算法的收纳速度；Clerc 和 Kennedy[67]引入收敛因子，改善了算法的全局搜索能力。Fernández-Martínez 等[68]、Fernández-Martínez 和 García-Gonzalo[69]提出两种广泛的粒子群算法，并将其应用到连续介质模型中，改善了算法在反演问题中的收敛性和全局搜索能力。

2. 粒子群算法应用方面

自粒子群算法产生以来，由于算法具有参数少、收敛速度快、算法简单和易于实现等特点，迅速地应用到以下众多领域中[70]。

1）神经网络训练

粒子群算法最早用于神经网络权重优化，主要包括连接权重、网络结构和学习算法。算法中的一个粒子能够包含神经网络中需要的所有参数，通过对参数的优化来实现神经网络的训练，且无须计算函数梯度，该算法比传统的 BP 神经网络训练速度要快[71]。

2）多目标优化

粒子群算法通过种群粒子的相互协作和学习进行搜索，具有较强的全局搜索能力，能够同时实现对于多个目标函数的优化，因此广泛应用到多目标问题优化领域[72-74]。

3）函数（参数）优化

在求解工程领域中的各种函数（参数）优化问题方面，粒子群算法均已取得了一定的效果，如系统优化问题[75]、函数优化及离散系统优化[76]等。

4）组合优化

组合优化问题本质上就是从可行解中求解最优解，对不同的优化问题采用不同的粒子表达方式或重新定义计算规则，求解相应问题[77]，如旅行商问题[78-79]、最短路径问题及车间调度问题[80]等。

5）社会与工程领域

如今粒子群算法的应用已扩展到社会与工程领域的多个方面，如电力系统[81-82]，涉及的内容包括聚类分析[83-85]、数据挖掘[86]等。

6）地球物理反演领域

在国内，张大莲等[46]将粒子群优化算法运用于磁测资料井地联合反演，取得了比较好的效果；邱宁等[87]提出混沌-粒子群算法，改善了粒子群算法在搜索过程陷入局部极小的能力；曾琴琴等[88]将粒子群算法应用到二维磁异常快速成像中，证明该算法在实际资料处理与解释中的可行性和有效性；Xiong 和 Zhang[42]提出基于粒子群的多目标反演算法，该算法缓解了正则化因子选取困难和初始模型依赖问题，并取得了较好的反演结果。

在国外，Shaw 和 Srivastava[89]通过粒子群算法实现一维直流电法（direct current，DC）、激发极化法（induced polarization，IP）和大地电磁测深法（magnetotelluric sounding，MT）的物性反演，并与遗传算法（genetic algorithm，GA）和岭回归（ridge regression，RR）算法的反演结果进行比较，证明粒子群算法具有更好的计算效率和最优化能力；Fernández-Martínez 和 Garcia-Gonzalo[69]将粒子群算法应用到垂直电性测深（vertical electrical sounding，VES）和一维直流电法的数据反演中，并提出一种广义粒子群算法（generalized particle swarm optimization，GPSO），同时讨论参数选取原则，并将粒子群算法应用到垂直电性测深反演、储层特征分析和自然电位（spontaneous-potential，SP）反演等问题中。Toushmalani[90]将粒子群算法应用到断层边界的重力数据反演中，并将反演结果与莱文贝格-马夸特（Levenberg-Marquardt）方法反演结果进行对比，证明了粒子群算法反演方法具有更好的反演效果；Pallero 等[91]通过粒子群算法进行沉积盆地基地起伏面的二维重力反演数值模拟研究，以及大量的理论模型和实例分析，证明粒子群算法在重力数据反演问题上具有极好的最优化能力；2017 年，Pallero 等[92]又实现了通过粒子群算法反演三维重力数据，并对解的不确定性进行深入的分析，证明粒子群算法对三维重力反演是一种极好的最优化技术，可有效地解决沉积盆地基地起伏面深度的地质问题。

综上所述，粒子群算法强大的全局搜索能力虽然目前无法用数学理论进行证明，但在多个领域的有效应用体现了其强大的适用性和经济价值，表现了其良好的应用前景。

2.2　粒子群算法的数学模型

2.2.1　基本粒子群算法

基于一种情景：区域内只有一块食物，一群鸟不知道食物的具体位置，只能随机地飞行觅食，但有一个间接的机制让它们知道距离食物最近鸟的位置及距离，其他可以通过搜索距离食物最近的鸟来逐步逼近食物源。粒子群算法就是根据这种生物群体行为的智能背景而提出的，算法中的每一个粒子，都是一只被人工定义的"鸟"，对应于问题的一个潜在解，解的好坏则是通过目标函数（或适应度函数）来评价。将粒子群算法与鸟群觅食行为进行对比，其对应关系见表 2.1。

表 2.1　鸟群觅食行为与粒子群算法对照表

鸟群觅食行为	粒子群算法
鸟群	种群规模
觅食空间	搜索空间
飞行速度	解的速度向量
所在位置	一组解
个体认知与群体协作	P_g，G_g 更新方式
食物	全局最优解

设食物位置为 (x_0, y_0)，鸟当前的位置为 (x, y)，沿 x，y 两个方向的速度为 (v_x, v_y)，则其到食物的距离 d 可表示为

$$d = \sqrt{(x - y_0)^2 + (y - y_0)^2} \tag{2.1}$$

显然，距离 d 越小，鸟离食物越近，反之，则越远。与遗传算法不同，粒子群算法中的"鸟"是一个具有速度和记忆的"粒子"。每个粒子都有自己的位置和速度（决定飞行的方向和距离），还有一个由被优化函数决定的适应值。粒子在解空间里通过记忆追逐最优值，粒子迄今找到的最好位置 P_g 为函数的局部最优解，而种群迄今找到的最佳位置 G_g 为全局最优解。粒子在进行下一次迭代时，结合自身的惯性解、局部最优解和上一次迭代产生的全局最优解来决定下一次飞行的方向和步长，在每一次迭代过程中，粒子通过追逐两个极值的方向来更新自己的位置，直到粒子搜索的解可以满足目标函数拟合误差要求或搜索迭代次数达到设定的最大次数时停止，当前粒子的位置即当前反演所得到的全局最优解。

种群通过记忆机制追踪这两个极值来实现位置和速度的更新，粒子搜索更新如图 2.1 所示。图中红色框内为粒子种群主要拓扑结构，分别为星型、环型和冯·诺依曼型连接，本书采用星型连接的全局优化模型。Kennedy[93]首先提出了局部版的环型连接粒子群算法，一定程度上改善了粒子算法易于陷入局部最优解的缺点，之后一些学者[94]提出了不同拓扑结构，并对各类拓扑结构的性能进行了分析。

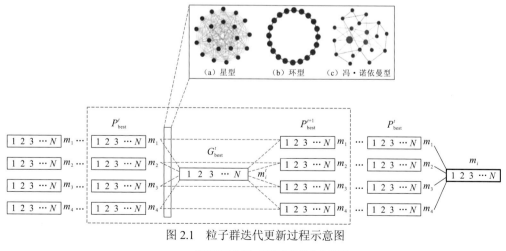

图 2.1　粒子群迭代更新过程示意图

$m_1 \sim m_i$ 代表粒子位置，即所求物性分布模型

假设群体规模（粒子个数）为 N_P，要求解的问题维数为 D，则粒子的状态可用 3 个 D 维向量表示，即粒子当前位置 $x_i = (x_{i1}, x_{i2}, \cdots, x_{iD})$、速度 $(v_{i1}, v_{i2}, \cdots, v_{iD})$ 和粒子当前找到的局部最佳位置 $P_{gi} = (P_{g1}, P_{g2}, \cdots, P_{gD})$，速度与位置的更新可以按照以下方式：

$$v_{ij}(t+1) = v_{ij}(t) + c_1 r_1 [P_{gi} - x_{ij}(t)] + c_2 r_2 [G_g - x_{ij}(t)] \qquad (2.2)$$

$$x_{ij}(t+1) = x_{ij}(t) + v_{ij}(t+1) \quad (i = 1, 2, \cdots, N_P; \; j = 1, 2, \cdots, D) \qquad (2.3)$$

式中：t 为迭代次数；c_1、c_2 为学习因子或加速系数，分别调节向个体最好粒子方向和全局最好粒子飞行的最大步长，若太小，则粒子可能远离目标区域，若太大，则会导致突然向目标区域飞去，或飞过目标区域，选取合适的 c_1 和 c_2 可以加快收敛速度且不陷入局部最优。一般来说，选取较大的 c_1 会使较多的粒子在局部徘徊，不利于全局搜索；选取较大的 c_2 则会使粒子过早地陷入局部极值，降低了解的精度，通常情况下令 c_1，c_2 都为 $2^{[95]}$；r_1，r_2 为 [0, 1] 之间均匀分布的随机数；G_g 为每次迭代后找到的全局最佳位置。其中：

$$P_{gi}(t+1) = \begin{cases} x_i(t+1), & f[x_i(t+1)] < f[P_{gi}(t)] \\ P_{gi}(t), & f[x_i(t+1)] > f[P_{gi}(t)] \end{cases} \qquad (2.4)$$

$$G_g(t+1) = \min[P_g(t+1)] \qquad (2.5)$$

式中：$f(x)$ 为目标函数，即粒子适应度。

2.2.2　标准粒子群算法

为了更好地控制算法寻优能力，Shi 和 Eberhart[64] 在式（2.2）的基础上引入了惯性权重 ω，即

$$v_{ij}(t+1) = \omega v_{ij}(t) + c_1 r_1 [P_{gi} - x_{ij}(t)] + c_2 r_2 [G_g - x_{ij}(t)] \qquad (2.6)$$

$$x_{ij}(t+1) = x_{ij}(t) + v_{ij}(t+1) \quad (i = 1, 2, \cdots, N_P; \; j = 1, 2, \cdots, D) \qquad (2.7)$$

并把由式（2.6）和式（2.7）确定的迭代算法称为标准粒子群算法。式中：D 为参数维数，主要由所要求解的具体问题决定，一般情况下为要求解参数的个数。c_1、c_2 同样是学习因子，分别代表粒子受自身"认知能力"与群体"社会引导"作用的大小，它们主要控制粒子自身记忆及群体经验的相对影响程度，表示粒子飞向个体最优与全局最优的一种统计上的加速权重因子。r_1、r_2 为 [0, 1] 之间均匀分布的随机数，这是粒子群算法实现随机搜索的本质。

特殊情况下，当惯性权重 $\omega = 1$ 时，算法为基本粒子群算法；当系数 $\omega = 0$ 时，粒子以往的速度对当前的搜索没有影响，粒子失去了"记忆"能力，各粒子的搜索只受当前局部最优与全局最优位置控制，算法稳定性较差；而当 ω 过大时，粒子受历史搜索的影响程度较大，容易突然飞出解空间，错过最优解。因此，惯性权重 ω 既不宜过大，也不宜过小，针对不同的问题，ω 取值不一定相同。

标准粒子群算法本质上是增加一个人为干预因子来控制粒子对于原始位置的继承能力，从而将粒子群算法应用到不同的领域。同样，人们通过对粒子速度进行"合理"的干预，使算法具有较强的开发能力和搜索能力。粒子在搜索过程中，速度大小的选取

对算法性能影响较大，过大会导致粒子突然飞出或跳过最优解，太小则造成粒子搜索只在局部区域进行搜索。通常，对速度的限制办法为：若当前速度 $v > v_{max}$，则 $v = v_{max}$；若 $v < -v_{max}$，则 $v = -v_{max}$，这样不仅可以防止计算溢出，而且可以调整搜索进程和力度。

此外，设置算法迭代终止的条件有两种：其一为目标（适应度）函数误差达到要求；其二则是算法迭代达到最大次数。最大迭代次数指的是种群更新与进化终止时所施加的迭代次数。相对于遗传算法而言，粒子群算法只需迭代较少的次数便能搜索到全局最优解，且算法在迭代初期粒子收敛较快，随着迭代的进行，粒子收敛速度逐渐降低。

2.2.3　粒子群算法最优化步骤

通常，粒子群算法的实现步骤如下。

（1）初始化粒子群及相关参数。随机初始化每个粒子的飞行速度和位置，设置种群粒子个数、最大迭代搜索次数、惯性权重、学习因子等参数。

（2）适应度评价。依据目标函数计算每个粒子当前位置的适应度，判断每个粒子当前位置的好坏。

（3）搜索粒子局部最优解。将每个粒子的适应度与粒子自身所经历的最优位置的适应度进行比较，若较好，则替换为局部最优解。

（4）搜索种群全局最优解。将每个粒子的局部最优解的适应度与种群所经历的最优位置的适应度进行比较，若较好，则替换为全局最优解。

（5）更新粒子的速度和位置。如图 2.2 所示，粒子结合自身的惯性解、局部最优解和上一次迭代产生的全局最优解来决定下一次飞行的方向和步长，在每一次迭代过程中，粒子追逐两个极值来更新自己的位置。

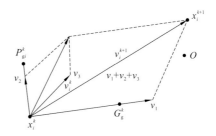

图 2.2　粒子速度与位置的更新示意图

（6）评价更新的位置。计算更新位置的适应度，判断是否满足结束条件[通常为适应度小于一个较小的常数，迭代前后全局最优解不变或者搜索（迭代）次数满足给定的最大搜索（迭代）次数]，若满足，终止程序；若不满足，重复步骤（3）～（6），直到满足至少 1 个结束条件为止。

在最优化过程中，粒子速度更新如图 2.2 所示，设 O 为全局最优解位置，第 i 个粒子迭代到第 k 次时的位置在 x_i^k 处，此时，全局最优与个体最优位置分别在 G_g^k 和 P_{gi}^k 处，粒子趋向 G_g^k 和 P_{gi}^k 方向的速度分别为 v_1、v_2，粒子自身的速度为 v_3，则粒子下一个搜索速度为这三个速度共同作用的结果，如图 2.2 中的 v_i^{k+1}，粒子在三个速度的作用下搜索到下一个位置 x_i^{k+1}，可见，相对于 x_i^k 来说，x_i^{k+1} 更加接近全局最优位置 O。算法具体流程如图 2.3 所示。

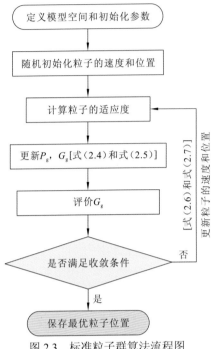

图 2.3　标准粒子群算法流程图

2.2.4　粒子群算法的改进

粒子群算法虽然有着简单方便的优点，但同时也存在以下一些缺点[96]。

（1）寻找到的最优解可能是局部最优解，而不是全局最优解。

（2）算法搜索初期收敛速度快而搜索后期收敛速度变慢。

（3）参数选择的随机性。

因此，针对这些不同方面的问题，相应的解决方法和改进方式也被一些研究者提出。

1. 收敛粒子群算法

Clerc[97]通过对算法的研究，为了确保算法的收敛，将压缩因子引入算法中，从而速度更新方式发生了一些改变，具体如下：

$$v_{ij}(t+1) = x\left\{\omega v_{ij}(t) + c_1 r_1 [P_{gi} - x_{ij}(t)] + c_2 r_2 [G_g - x_{ij}(t)]\right\} \qquad (2.8)$$

$$x = \frac{2}{\left|2 - \phi - \sqrt{\phi^2 - 4\phi}\right|} \qquad (2.9)$$

式中：$\phi = c_1 + c_2 > 4$。一般情况下，ϕ 取 4.1。压缩因子可以控制系统行为的最终收敛，使粒子可以有机会搜索不同区域，从而获得更高质量的粒子和更精确的解[98]。

曾建潮和崔志华[99]通过分析基本粒子群算法，提出了一种全局收敛的随机微粒群算法，该算法能够保证以概率 1 收敛于全局最优解。结合标准粒子群算法的公式[式（2.6）和式（2.7）]，令 $\omega = 0$，得到以下方程：

$$x_{ij}(t+1) = x_{ij}(t) + c_1r_1[P_{gi} - x_{ij}(t)] + c_2r_2[G_g - x_{ij}(t)] \tag{2.10}$$

其中，粒子的飞行速度只取决于粒子的当前位置、历史最好位置和粒子群历史最好位置，速度本身无记忆性。该算法在收敛速度和平均收敛性能方面都有很大的提升。

2. 粒子群混合算法

粒子群混合算法是在标准粒子群算法的基础上，引入其他算法的优点，结合各自的优点，来提高算法的性能，是一种新型混合算法。通常结合的算法有蚁群算法、遗传算法、蝙蝠算法、萤火虫算法、差分进化算法等。

刘玉敏和高松岩[100]在地震波阻抗反演的过程中，为提高地震波阻抗反演的精度，提出了一种结合混沌和遗传思想的粒子群混合算法。采用这种结合方式，粒子群混合算法可以通过本身具有的粒子记忆性，保存原先较好的粒子，减少无效迭代的次数，提高收敛速度；也可以发挥遗传算法在保持种群多样性和全局搜索的优势，又具有混沌特性，从而提高种群的多样性和粒子搜索的遍历性。该算法的具体步骤如下。

（1）参数初始化，确定粒子群算法的种群规模 N_P、种群进化次数及学习因子等参数；利用 Logistic 混沌映射模型产生 n 个混沌变量：

$$z_j^{i+1} = \mu z_j^i(1 - z_j^i) \tag{2.11}$$

式中：$i = 1, 2, \cdots, N_p$；$j = 1, 2, \cdots, n$。然后将混沌变量分别引入优化变量中，载波变换到相应的优化变量的取值范围。

$$x_{ij} = x_{min,j} + z_j^i(x_{max,j} - x_{min,j}) \tag{2.12}$$

（2）计算群体中各个粒子的适应度，设置第 i 个粒子的适应度为它的当前个体极值 P_g，所有粒子中的最好粒子设置为群体的全体极值 G_g。

（3）根据式（2.6）和式（2.7）更新每个粒子的速度和位置。

（4）对适应度进行排序，并择优选取样本作为下一步遗传操作的父本。

（5）执行遗传算法的交叉、变异操作，生成新一代种群。

（6）判断是否满足算法的终止条件，若满足，算法结束，输出最优解；否则返回步骤（2）。相应的流程如图 2.4 所示。

高鹰和谢胜利[101]把模拟退火思想引入具有杂交和高斯变异的粒子群算法中，给出了一种基于模拟退火的粒子群算法。该算法基本保持了粒子群算法简单容易实现的特点，但改善了粒子群算法摆脱局部极值点的能力，提高了算法的收敛速度和精度。

整个算法的执行过程由两部分组成，首先通过基本的粒子群算法的速度更新式进行进化操作（侧重全局搜索）产生出较优良的一个群体，其次应用杂交运算和变异运算在模拟退火操作（侧重局部搜索）下进行粒子的进一步优化调整。进化过程反复迭代，直到满足某个终止条件为止。

纵观各种与粒子群算法相关的混合算法，大多数基本上采用一种策略对其改进，要么与其他算法混合，要么加入变异操作。全局算法和局部算法相混合，可以提高局部收敛速度；加入变异操作，可以使算法的探测能力得到提高[102-103]。在粒子群算法不断的

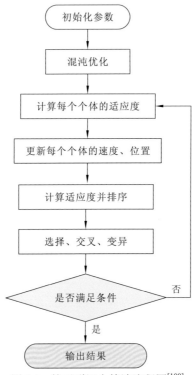

图 2.4　粒子群混合算法流程图[100]

改进过程中，混合算法作为优点鲜明的一类算法，在今后的科学研究中将会得到越来越多的应用。

3. 协同粒子群算法

van den Bergh 和 Engelbrecht[104]提出了一种协同粒子群算法。该方法的具体步骤为：假设粒子的维数为 D，将整个粒子分为 D 个小部分，每个子种群体代表求解问题的一个子目标，所有子种群体在独立进化的同时，基于信息迁移与知识共享，共同进化。各个子种群独立地用标准粒子群算法进化，达到周期时，更新全局最好位置。这样，各个子种群既能充分地在子种群内部不断地搜索，不会迷失自己的寻优方向，又能利用周期性地共享全局最好位置促使粒子找到最好值[105]。该算法在很多问题解决过程上有较快的收敛速度，并取得了很好的应用效果。具体算法的示意图如图 2.5 所示。

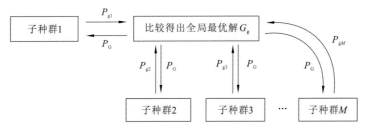

图 2.5　协同粒子群算法示意图[105]

第 3 章

粒子群算法在地球物理中的应用

本章基于粒子群算法数学模型，介绍重、磁、电、震数据的反演理论基础，着重阐述粒子群算法在各种地球物理反演中的应用，结果表明粒子群算法收敛快速稳定、最优化能力强，反演效果良好；并且通过实例验证粒子群反演模型的可行性，最后对该算法的稳定性和收敛性进行分析。

3.1 粒子群算法在重磁反演中的应用

3.1.1 位场反演

地球重力场、磁力场与人类生活密不可分，一直伴随着人类文明进程，人类也未曾停止过对它们的观测、研究和利用。位场勘探（重磁勘探）作为最早应用于地球物理勘探的方法，主要是测量地球重力场和磁力场分布，并对其进行相应的处理与解释，进而研究地下目标体产生的异常，达到研究地壳结构构造和矿产勘探的目的。

位场反演问题，即定量解释，是重磁勘探工作的主要环节之一。求解位场反演问题，从地质角度而言，主要目的是研究目标地质体和地质构造。从地球物理角度而言，主要目的为确定地质体几何参数、界面起伏和物理参数（如密度、磁化率、磁化强度等）的分布[106]。

通常，根据地面观测的重磁异常反演地下目标体分布，可将地下空间划分为许多物性均匀分布（或非均匀分布）的网格单元，通过反演得到这些单元的物性变化，从而圈定场源的分布范围，这种方法称为位场物性反演。该方法可获得复杂异常的场源分布，易于操作，逐渐成为当今位场反演的主流方法。

对于二维位场数据的物性反演，通常将地下空间异常体视为无限延伸的二度体，从而可利用二度板状体来正演磁异常数据。

1. 二度板状体位场正演公式

二度板状体模型是二维重磁异常反演的基本模型，因此，本节首先给出二度板状体的正演公式。如图 3.1 所示，一个有限延伸的二度板状体的形态可以通过 A、B、C、D 这 4 个横截面上的角点坐标来构制[41]。为了讨论方便，将板状体上顶面和下底面设置为平行且水平，板厚度一致且内部物性均匀分布。这样，对于重力异常 Δg 而言，可以只用 6 个参数来进行描述，即上顶和下底宽度 $2b$，延伸长度 $2l$，中心坐标 (x_0, z_0)，板状体倾角 α 和剩余密度 $\Delta \rho$。对于磁异常而言，前面 5 个参数都一样，仅将板状体和围岩密度差 $\Delta \rho$ 改为板状体有效磁化强度 M_s，并增加一个参数（有效磁化倾角 i_s）。

这样，地表 P 点处的重力异常[41]可表示为

$$
\begin{aligned}
\Delta g = 2\pi\gamma\Delta\rho\Bigg\{ & \left[h_2(\varepsilon_2 - \varepsilon_4) - h_1(\varepsilon_1 - \varepsilon_3)\right] \\
& + x_k\left[\sin^2\alpha\ln\frac{d_2 d_3}{d_1 d_4} + \cos\alpha\sin\alpha(\varepsilon_1 - \varepsilon_2 - \varepsilon_3 + \varepsilon_4)\right] \\
& + 2b\left[\sin^2\alpha\ln\frac{d_4}{d_3} + \cos\alpha\sin\alpha(\varepsilon_3 - \varepsilon_4)\right]\Bigg\}
\end{aligned} \tag{3.1}
$$

式中：γ 为万有引力常量；d_1，d_2，d_3 和 d_4 分别为板状体截面角点 A、B、C 和 D 到测点 P_k 的直线距离；ε_1，ε_2，ε_3 和 ε_4 分别为 d_1，d_2，d_3 和 d_4 与 X 轴正方向的夹角，从 X 轴顺时针起算；h_1 和 h_2 分别为板状体上顶和下底到地表的垂直距离（图 3.1）。

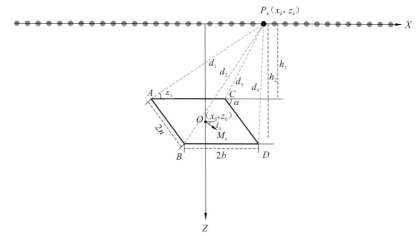

图 3.1 倾斜二度板状体位场计算

P_k 点处的垂直磁异常可表示为

$$\Delta Z = 2M_s \sin\alpha \left[\sin(\alpha - i_s) \ln\frac{d_2 d_3}{d_1 d_4} + \cos(\alpha - i_s)(\varepsilon_1 - \varepsilon_2 - \varepsilon_3 + \varepsilon_4) \right] \quad (3.2)$$

如果设板状体中心坐标为 (x_0, z_0)，板的水平宽度为 $2b$，下延伸长度为 $2l$，有效磁化强度为 M_s，有效磁化倾角为 i_s，则对应关系为

$$d_1^2 = (x_k - x_0 + b + l\cos\alpha)^2 + (z_0 - z_k - l\sin\alpha)^2 \quad (3.3)$$

$$d_2^2 = (x_k - x_0 + b - l\cos\alpha)^2 + (z_0 - z_k + l\sin\alpha)^2 \quad (3.4)$$

$$d_3^2 = (x_k - x_0 - b + l\cos\alpha)^2 + (z_0 - z_k - l\sin\alpha)^2 \quad (3.5)$$

$$d_4^2 = (x_k - x_0 - b - l\cos\alpha)^2 + (z_0 - z_k + l\sin\alpha)^2 \quad (3.6)$$

同样有

$$\varepsilon_1 = \pi - \arctan\frac{z_0 - z_k - l\sin\alpha}{x_k - x_0 + b + l\cos\alpha} \quad (3.7)$$

$$\varepsilon_2 = \pi - \arctan\frac{z_0 - z_k + l\sin\alpha}{x_k - x_0 + b - l\cos\alpha} \quad (3.8)$$

$$\varepsilon_3 = \pi - \arctan\frac{z_0 - z_k + l\sin\alpha}{x_k - x_0 - b - l\cos\alpha} \quad (3.9)$$

$$\varepsilon_4 = \pi - \arctan\frac{z_0 - z_k - l\sin\alpha}{x_k - x_0 - b + l\cos\alpha} \quad (3.10)$$

将式（3.3）～式（3.10）代入式（3.2）中，可以得到垂直磁异常表达式为

$$\Delta Z = 2M_s \sin\alpha \left\{ \cos(\alpha - i_s) \left[\arctan\frac{2b(z_0 - z_k - l\sin\alpha)}{(z_0 - z_k - l\sin\alpha)^2 + (x_k - x_0 + l\sin\alpha)^2 - b^2} \right.\right.$$

$$\left. - \arctan\frac{2b(z_0 - z_k + l\sin\alpha)}{(z_0 - z_k + l\sin\alpha)^2 + (x_k - x_0 - l\sin\alpha)^2 - b^2} \right]$$

$$\left. + \frac{1}{2}\sin(\alpha - i_s)\ln\left(\frac{[(z_0 - z_k + l\sin\alpha)^2 + (x_k - x_0 + b - l\cos\alpha)^2]}{[(z_0 - z_k - l\sin\alpha)^2 + (x_k - x_0 + b + l\cos\alpha)^2]}\right)\right. \quad (3.11)$$

$$\times \left. \frac{[(z_0 - z_k - l\sin\alpha)^2 + (x_k - x_0 - b + l\cos\alpha)^2]}{[(z_0 - z_k + l\sin\alpha)^2 + (x_k - x_0 - b - l\cos\alpha)^2]}\right) \right\}$$

若设

$$x_1 = x_k - x_0 + b + l\cos\alpha \qquad (3.12)$$

$$x_2 = x_k - x_0 + b - l\cos\alpha \qquad (3.13)$$

$$x_3 = x_k - x_0 - b + l\cos\alpha \qquad (3.14)$$

$$x_4 = x_k - x_0 - b - l\cos\alpha \qquad (3.15)$$

$$h_1 = z_0 - z_k - l\sin\alpha \qquad (3.16)$$

$$h_2 = z_0 - z_k + l\sin\alpha \qquad (3.17)$$

且令

$$U = \ln\frac{(h_2^2 + x_2^2)(h_1^2 + x_3^2)}{(h_1^2 + x_1^2)(h_2^2 + x_4^2)} \qquad (3.18)$$

$$V = \arctan\frac{2bh_1}{h_1^2 + (x_1 - b)^2 - b^2} - \arctan\frac{2bh_2}{h_2^2 + (x_2 - b)^2 - b^2} \qquad (3.19)$$

则二度板状体的垂直磁异常、水平磁异常和总磁异常为

$$\Delta Z = 2M_s \sin\alpha\left[\frac{1}{2}\sin(\alpha - i_s)\cdot U + \cos(\alpha - i_s)\cdot V\right] \qquad (3.20)$$

$$\Delta X = 2M_s \sin\alpha\left[\frac{1}{2}\cos(\alpha - i_s)\cdot U + \sin(\alpha - i_s)\cdot V\right] \qquad (3.21)$$

$$\Delta T = \Delta X\cos I\cos A + \Delta Z\sin I \qquad (3.22)$$

式中：I 为地磁倾角；A 为测线磁方位角。

2. 网格剖分

如图 3.2 所示，进行网格剖分，二维反演将地下介质空间剖分为致密排列的二度矩形截面棱柱体单元，每个二度矩形截面棱柱体正演公式为板状体倾角 α 为 90°（图 3.1）的二度板状体正演公式。总磁化强度 M、有效磁化强度 M_s 和磁化率 κ 有如下关系：

$$M_s = M\sqrt{\cos^2 I\cos^2 A + \sin^2 I} \qquad (3.23)$$

$$B_0 = \mu_0 H_0, \quad M = \kappa H_0, \quad \mu_0 = 4\pi\times10^{-7}\text{ H/m} \qquad (3.24)$$

$$M = \frac{B_0}{\mu_0}\kappa \quad 或 \quad \kappa = \frac{\mu_0}{B_0}M \qquad (3.25)$$

式中：κ 为磁化率；H_0 为地球磁场强度；B_0 为地磁场感应强度；μ_0 为真空磁导率；A 为测线磁方位角；I 为地磁倾角。

假设模型剖分单元总数为 N，每一个棱柱体单元内的磁化率分布均匀，测线上有 M 个观测点。那么，第 j 个棱柱体单元在第 i 个观测点的总磁异常为

$$\Delta T_{ij} = G_{ij}\kappa_j \qquad (3.26)$$

式中：κ_j 为第 j 个棱柱体单元的磁化率；G_{ij} 为单位大小的磁化率的第 j 个棱柱体单元网

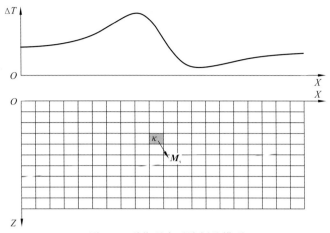

图 3.2　磁化强度反演剖分模型

格在第 i 个测点上产生的异常，由正演公式可以求出。根据位场叠加原理，第 i 个观测点的总磁异常 ΔT_i 是地下全部 N 个棱柱体单元在该点处的磁异常之和，即

$$\Delta T_i = \sum_{j=1}^{N} \Delta T_{ij} = \sum_{j=1}^{N} G_{ij} \kappa_j \qquad (3.27)$$

写成矩阵形式：

$$\begin{bmatrix} \Delta T_1 \\ \Delta T_2 \\ \vdots \\ \Delta T_M \end{bmatrix} = \begin{bmatrix} G_{11} & G_{12} & \cdots & G_{1N} \\ G_{21} & G_{22} & \cdots & G_{1N} \\ \vdots & \vdots & & \vdots \\ G_{M1} & G_{M2} & \cdots & G_{MN} \end{bmatrix} \begin{bmatrix} \kappa_1 \\ \kappa_2 \\ \vdots \\ \kappa_N \end{bmatrix} \qquad (3.28)$$

即

$$\Delta \boldsymbol{T} = \boldsymbol{G}\boldsymbol{\kappa} \qquad (3.29)$$

式中：$\Delta \boldsymbol{T}$ 为 $M \times 1$ 维向量，表示 M 个观测点上的磁异常；$\boldsymbol{\kappa}$ 为 $N \times 1$ 维向量，表示 N 个棱柱体单元的磁化率；$\boldsymbol{G}$ 为 $M \times N$ 维矩阵，称为核矩阵或灵敏度矩阵。

对于反演问题最终归结为求解方程组：

$$\boldsymbol{d} = \boldsymbol{G}\boldsymbol{m} \qquad (3.30)$$

式中：$\boldsymbol{G}$ 为 $M \times N$ 维灵敏度矩阵，其元素 G_{ij} 表示第 j 个单位大小的密度、磁性单元在第 i 个观测点所引起的重磁异常；M 为观测数据的个数；N 为网格单元的个数；$\boldsymbol{d}$ 为观测数据向量；$\boldsymbol{m} = (m_1, m_2, \cdots, m_N)$ 为待求解的模型参数向量。

通常，位场反演的数学过程是求解欠定问题，因此必然存在多解性问题，使得在构建目标函数时必须同时考虑数据的拟合和对模型进行约束。一般而言，正则化是最常见的方法，因为在反演的过程中，仅有数据拟合项作为约束是远远不够的，为使反演结果稳定，在数据拟合项的基础上，目标函数还要增加模型约束项，针对不同的实际问题，通常存在不同的模型约束方法。当反演的异常体物性与围岩物性差异较大时，可采用最小模型约束；当反演的模型在空间较平滑时，可采用最平缓模型约束。

3. 构建目标函数

位场反演目标函数 ϕ 通常表述为

$$\begin{cases} \phi = \phi_d + \lambda\phi_m \\ \phi \to \min \end{cases} \tag{3.31}$$

式中：ϕ_d 为重磁异常数据拟合误差；ϕ_m 为模型约束；λ 为正则化因子，用于平衡数据约束和模型约束。数据约束保证观测数据用于重构，模型约束保证获得的模型是合理的。通常，将观测数据与预测数据的 l_2 范数定义为数据约束，矩阵方程的形式表示为

$$\phi_d = (d - Gm)^T W_d^T W_d (d - Gm) \tag{3.32}$$

式中：W_d 为数据加权矩阵，如果观测数据含独立的均值为 0 的高斯噪声，则

$$W_d = \frac{1}{\sigma}I' \tag{3.33}$$

式中：σ 为观测数据的标准差；I' 为单位矩阵。模型目标函数用于约束密度或磁化率模型在三个方向上的变化率和结构复杂度。

通常，构造模型的核函数是非线性的，磁异常值与场源到观测点的距离呈指数衰减，导致核矩阵中数值随深度增加而急剧减小，相同的棱柱体单元，深部的异常响应比浅部的要弱得多，对观测数据的贡献较小，故容易出现类似于电法勘探中的"趋肤效应"，导致磁数据反演的磁化率分布集中于地表附近，而不是按照磁性体的真实深度合理分布的。为减小"趋肤效应"影响，克服深部磁异常的衰减，Li 和 Oldenburg[107]提出对模型约束增加深度加权函数，缓解了物性反演结果趋于地表分布的问题。

$$\begin{aligned} \phi_m = {} & \alpha_s \int_R w_s \left[w(d)\left(m - m_{ref}\right) \right]^2 dv \\ & + \alpha_x \int_R w_x \left\{ \frac{\partial}{\partial x}\left[w(d)\left(m - m_{ref}\right) \right] \right\}^2 dv \\ & + \alpha_y \int_R w_y \left\{ \frac{\partial}{\partial y}\left[w(d)\left(m - m_{ref}\right) \right] \right\}^2 dv \\ & + \alpha_z \int_R w_z \left\{ \frac{\partial}{\partial z}\left[w(d)\left(m - m_{ref}\right) \right] \right\}^2 dv \end{aligned} \tag{3.34}$$

$$w(d) = \frac{1}{(d + d_0)^{\beta/2}} \tag{3.35}$$

式中：m 为密度或磁性模型；R 为模型空间；m_{ref} 为参考模型；w_x，w_y，w_z 和 w_s 为空间独立的加权函数；α_x，α_y，α_z 和 α_s 为目标函数中不同分类的系数，对于 2D 模型而言，模型目标函数中只存在两个方向的粗糙度计算，即 w_x，w_y 和 w_s 至少存在一个为 0；$w(d)$ 为深度加权函数，d 为模型单元到观测点的距离；β 为深度加权系数，与重磁异常衰减速率有关。不同的反演问题，β 的取值不同。刘双[108]对位场数据反演进行深入分析，结果表明：2D 磁异常反演 $\beta \leqslant 4$；3D 磁异常反演，$\beta \leqslant 6$；2D 重力反演，$\beta \leqslant 2$；3D 重力反演，$\beta \leqslant 4$。

3.1.2　理论模型建立及参数分析

在位场反演和粒子群算法理论基础上，将粒子群算法应用到二维磁场数据反演中，通过单一模型和组合模型的正演观测理论数据，反演空间磁化强度分布，分析不同参数（种群个数、惯性权重和学习因子）对反演结果的影响，讨论反演算法的多样性和收敛性，针对理论数据和含高斯噪声的正演数据进行反演研究，综合测试粒子群算法反演的性能。

通过建立 6 种二维磁性棱柱体模型来测试粒子群算法的反演效果，分别为直立板状体、倾斜板状体、平行竖直板状体、向斜模型、断层切割模型和垂向尖灭模型（图 3.3），其中部分模型或相似模型已经得到应用[107-110]，因此可以与之对比算法的效果。所有棱柱体均匀磁化，异常体磁化强度大小为 100 A/m，背景磁化强度大小为 0 A/m，背景磁化强度大小为 0 A/m，地磁倾角为 45°，测线方位角为 0°。

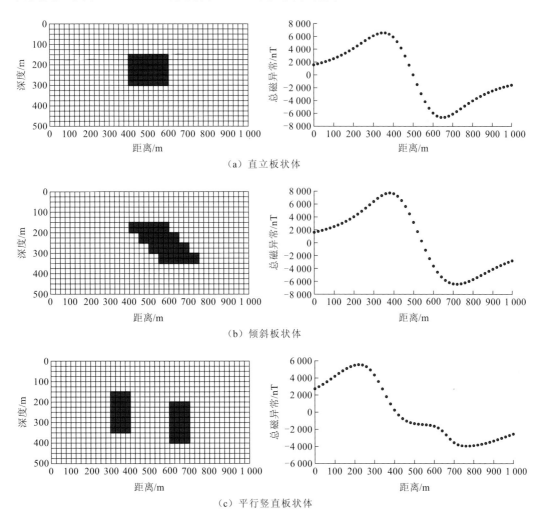

（a）直立板状体

（b）倾斜板状体

（c）平行竖直板状体

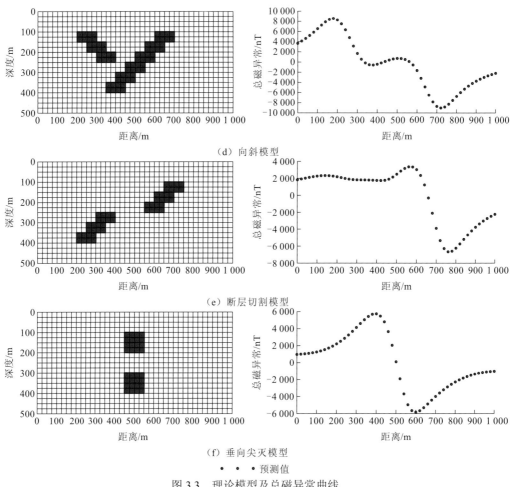

（d）向斜模型

（e）断层切割模型

（f）垂向尖灭模型

• • • 预测值

图 3.3　理论模型及总磁异常曲线

左图为理论模型；右图为理论正演计算数据

所有模型的正演理论总磁异常如图 3.3 所示，由于正演模型受斜磁化（$I = 45°$）的影响，总磁异常中出现正负相伴的异常值。其中，反演观测点数为 51 个，点距为 20 m。此外，算法程序中将模型空间均匀剖分为 800 个（20 行×40 列）小单元，单元内部均匀磁化，对应实际空间尺度为 25 m×25 m 的网格单元。本书所涉及的粒子群算法反演是基于 Windows 7 系统下 VC 6.0 平台，通过 C++语言编程实现，计算机配置为 AMD A4-4300M 2.50 GHz、4 G 内存。在种群粒子数为 20 的情况下，算法迭代搜索一次的平均时间不超过 2 s。

1. 惯性权重

惯性权重（ω）是粒子群算法中一个极其重要的参数，其值的选取直接关系粒子在最优化过程中的探索能力和开发能力[65, 111-113]。惯性权重的具体选择策略仍旧缺乏理论性的指导，不同的选择可能导致算法不同的收敛速度甚至不收敛，影响算法的开发和探索能力。从目前研究人员对其改进研究分析可知，惯性权重的选择一般分为固定和时变两种，前者在优化过程中取某一固定常数不变；后者在优化过程中随迭代次数的增加按照一定的规律在一定范围内变化，主要包括惯性权重随搜索次数的增加在某个区间进行随机性、线性、非线性变化，或者通过搜索过程中解的适应度、方差等参数实时反馈，从而实现惯性权重自适应调整。

此前有很多学者针对不同惯性权重进行粒子群算法的收敛性分析，对惯性权重的选取看法不一。但这些权重的选取都具有较强的依赖性，需要结合具体问题分析实际问题注重算法的全局搜索能力还是局部搜索能力，因此固定权重不具有普适性。图 3.4 为直立板状体模型[图 3.3（a）]不同固定权重反演的收敛曲线对比，当权重分别取 0.2 和 1.1 时，粒子全局最优解的适应度（目标函数值）随着迭代次数的增加衰减缓慢，说明惯性权重过大或者过小都不适合粒子群算法反演收敛(参数分析中的算法已改进,详见下文)；当惯性权重选取 0.8 时，粒子群算法反演收敛最快，在不到 20 次迭代之后，适应度就从 4149 下降至 786,但迭代后期衰减较慢；此外，当采用基本粒子群算法进行反演($\omega = 1.0$)，其反演结果与理论模型最终拟合差最小。试验表明，当惯性权重在[0.7, 1.0]取值时，有利于提高算法的全局搜索能力，算法具有较好的收敛速度。

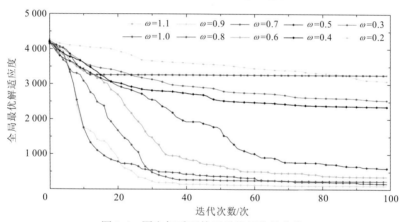

图 3.4　固定权重下粒子最优解收敛曲线

关于时变权重的选择方式，大量的研究人员对其进行了深入的研究。Shi 和 Eberhart[111]提出惯性权重的概念之后，并通过研究发现，当惯性权重 ω 随迭代次数增加而线性递减时，算法收敛性较好，且认为当 ω 由 0.9 递减到 0.4 时能得到较好的解，ω 与迭代次数 t 之间的关系可表示为

$$\omega = \omega_{\max} - \frac{t}{\text{MaxDT}}(\omega_{\max} - \omega_{\min}) \tag{3.36}$$

式中：$\omega_{\max}$ 和 $\omega_{\min}$ 分别为惯性权重 ω 的最大值和最小值；MaxDT 为算法的最大迭代搜索次数。

Eberhart 和 Shi[114]将一种随机数应用到惯性权重选取中，加强粒子在动态环境中的随机搜索能力：

$$\omega = 0.5 + \frac{\text{rand}()}{2} \tag{3.37}$$

式中：rand()为[0, 1]的随机数；ω为[0.5, 1.5]均匀分布的随机数，在迭代搜索过程中，很难预测当前粒子的搜索能力（较大ω）和开发能力（较小ω），算法具有较强的随机搜索能力，因而也广泛应用到动态最优化领域。

一些学者提出非线性衰减的改进策略，这些方法能更好地平衡算法的全局搜索和局部搜索能力。Peram等[115]在光滑空间中比较了线性和非线性衰减效果，证明非线性衰减策略的有效性；Liao等[116]基于式（3.38）提出一种新的非线性搜索方法：

$$\omega = \omega_{\min} + \left\{ \frac{(\text{MaxDT} - t)^{d_N}}{(\text{MaxDT})^{d_N}} \right\} (\omega_{\max} - \omega_{\min}) \tag{3.38}$$

式中：d_N为非线性系数。如果该系数大于1（$d_N>1$），在算法搜索之初，算法具有较强的全局搜索能力，末期具有较强的局部搜索能力；如果该系数在[0, 1]，则效果相反。由于自然条件下某些系统变化呈指数关系衰减，Yang等[117]将该系数设置为$1/\pi^2$来使惯性权重非线性变化。

姜长元等[118]通过对各种改进粒子群算法分析研究，提出一种基于正弦函数变化的惯性权重改进方法：

$$\omega = 0.4 + 0.5\sin\left(\frac{\pi t}{\text{MaxDT}}\right) \tag{3.39}$$

由惯性权重的变化可知，该算法搜索前期，粒子在自身附近进行局部寻优，然后粒子间相互协作程度逐渐加大，从而开始进行全局寻优，最后在最优解附近进行局部搜索。姜元长等[118]并通过仿真试验，证明了该改进使算法收敛速度更快，精度更高。

另一种时变权重方式是根据算法中部分参数的反馈，自适应调整更新权重系数。Arumugam和Rao[119]提出利用每次搜索后粒子的全局最优解适宜度和局部最优解适应度平均值来动态调整ω：

$$\omega = 1.1 - \frac{\text{fit}(P_g)}{\frac{1}{N_P}\sum_{i=1}^{N_P}\text{fit}(P_i)} \tag{3.40}$$

式中：N_P为粒子个数；$\text{fit}(P_g)$为当前粒子群全局最优解的适应度；$\text{fit}(P_i)$为当前每个粒子搜索之后自身的局部最优解适应度。这种改进策略结合了粒子当前位置的信息，能够使算法快速收敛，但也易使粒子陷入局部极值而无法摆脱局部极值。此外，众多的研究者利用基于粒子状态的反馈信息进行惯性权重的改进[112, 120-122]，这些方法都有两个共有的特性：一是各种反馈因子计算方便；二是反馈因子应该对当前粒子状态有更直观全面地反映，对于惯性权重的调整有指示作用，而这正是算法改进的难点。Nickabadi等[112]也证明了粒子自身的适应度并不能作为评价惯性权重的一个参数。

本书将上述介绍的部分改进策略应用到图3.3（a）直立板状体模型，通过计算粒子全局最优解适应度随搜索次数增加的变化情况分析不同惯性权重改进策略的效果，如图3.5所示。从图3.5中可以看出，姜长元等[118]提出的基于正弦变化和Arumugam和Rao[119]提出的基于适应度反馈变化的权重改进策略在对直立板状体模型反演中并没有正常的收敛。Eberhart和Shi[114]提出的基于随机数变化的方法收敛比较稳定，但收敛速度较低，Shi和

Eberhart[111]及 Liao 等[116]提出的随迭代次数在一个区间内衰减的方法收敛速度最快,后者非线性衰减因子 $d_N = 1/2$,但在后期全局最优解基本不变,前者的粒子在后期还向最优解靠近,因此在本反演算法中认为 Shi 和 Eberhart[111]提出的基于线性衰减策略效果最好。

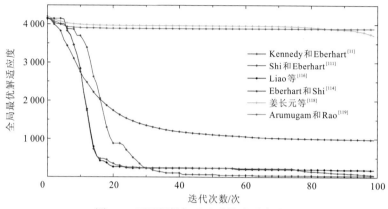

图 3.5　不同惯性权重改进策略反演对比

综上所述,惯性权重的选择在很大程度上影响反演算法的收敛能力。算法中的粒子抽象为一种只有速度和加速状态,没有质量和体积的微粒,其惯性权重(ω)与质量无关,本质上只表示历史速度对当前搜索的影响程度,相当于施加于粒子上的一种外力作用,直接影响粒子的全局和局部搜索能力。当 ω 较小时,如不考虑 P_g 及 G_g 的影响,粒子将在空间内以较小的速度逐步展开搜索时,其局部搜索能力强,但搜索可能只在一部分区域内进行甚至停滞不前,难以收敛到全局极值;反之,当 ω 增大时,同等迭代次数下,粒子搜索的空间范围更广,全局搜索能力也增强。因此,本书基于对初始模型空间给定零值的情况,算法前期需要较强的全局搜索能力,选择 Shi 和 Eberhart[111]提出的线性衰减策略对惯性权重进行调节,在保证收敛稳定的情况下,最终选择较大惯性权重 ($\omega \in [0.6, 0.96]$),从而更好地利用算法的全局搜索能力。

2. 学习因子

学习因子 (c_1, c_2) 又称加速权重系数,分别代表粒子受自身"认知能力"与群体"社会引导"作用的大小,它们主要控制粒子自身记忆及群体经验的相对影响程度,表示粒子飞向个体最优与全局最优的加速权重的相对大小。

与惯性权重一样,学习因子也是粒子群算法中至关重要的参数,直接影响算法的全局和局部搜索能力,通常,研究者将两个学习因子和随机数综合成一个参数进行讨论[123-125],即 $\psi = c_1 r_1 + c_2 r_2$。r_1、r_2 为[0, 1]均匀分布的随机数,为减少算法中需要调整的参数,通常取 $c_1 = c_2$ 开展研究。

学习因子的选取有赖于惯性权重的选择(稳定条件:$0 < \psi \leqslant 2\omega + 2$)。图 3.6 为选取不同学习因子的直立板状体模型反演收敛曲线,当学习因子过小($c_1 = c_2 = 0.5$)时,粒子群算法随着迭代次数的增加对全局收敛的作用较小,算法较依赖初始模型,粒子群算法具有较低的全局搜索能力;随着系数逐步增大,算法收敛速度逐渐增加,最终目标函数

减小到较小的范围。

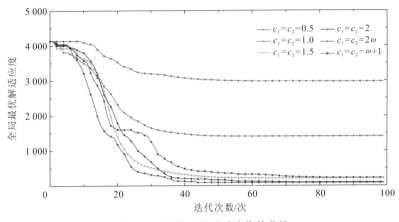

图 3.6　不同学习因子反演收敛曲线

Nickabadi 等[112]提出一种新型的自适应惯性权重改进方法，为满足粒子是稳定收敛条件，使学习因子 c_1 和 c_2 相等，并且随着惯性权重的改变而改变的方法：

$$c_{1,ij}(t) = c_{2,ij}(t) = \omega_{ij}(t) + 1 \qquad (3.41)$$

式中：$\omega_{ij}(t)$ 为第 i 个粒子的第 j 维参数在迭代搜索次数为 t 时所对应的惯性权重值。无论惯性权重如何变化，该改进策略使粒子群算法中的粒子始终满足稳定收敛的条件。此外，本书采用一种新的学习因子改进策略：$c_{1,ij}(t) = c_{2,ij}(t) = 2\omega_{ij}(t)$，如图 3.6 所示，该方法在算法搜索初期快速收敛，但后期收敛速度较慢，是否快速陷入局部极值还需要其他模型进一步检验。

3. 粒子群群体规模

群体规模（N_P）指的是种群中所包含的粒子个数，与前文讨论的两种系数相似，N_P 同样影响算法的搜索能力和搜索速度。当 N_P 较小时，相互协作的粒子数就少，陷入局部最优的概率将会增大；当 N_P 较大时，虽然增强粒子的全局搜索能力，但同时也增加计算时间[126]。

图 3.7 为在相同参数下，不同粒子个数反演的全局最优解适应度和计算时间的对比，从红色实线可以看出随着粒子个数的增加，粒子群法反演所耗费时间呈线性增加，较大的 N_P 确实改善了反演结果，降低了全局最优解的适应度，但全局最优解适应度并没有相应的呈线性变化（增加或减小）；此外，当种群数量 N_P 增加到 60 个以上时，算法的寻优效果并没有明显的变化。通常，对于二维磁测数据反演，粒子个数在 20~30 个，适应度也达到较低的水平，因此本书最终选择粒子个数 $N_P = 20$ 应用到后续的反演算法中。

4. 粒子群多样性

群智能算法有一个相同的缺点，即算法容易早熟收敛，陷入极小解，粒子群算法也不例外。但不同于其他群智能算法，粒子群算法本质上是一种双随机性搜索算法，在每次迭代搜索后，每个粒子搜索的解会与自身进行比较，形成局部最优解，个体粒子间相

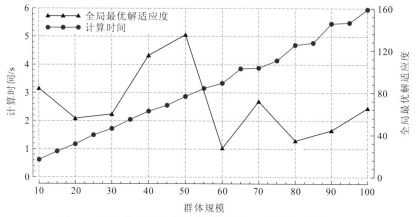

图 3.7　不同粒子个数的计算时间和全局最优解适应度对比

互比较形成全局最优解。粒子在进行下一次迭代时，结合自身的局部解和上一次迭代产生的全局最优解的方向，随机地决定下一次粒子飞行的步长。因此，在每一次迭代过程中，粒子随机地朝两个极值方向飞行，粒子既保持一定的随机性（多样性），又在群体规模上保持一定的统一性。

图 3.8 表示粒子群算法中每个粒子的局部最优解和当前更新解的适应度标准差。随着迭代搜索次数增加，粒子局部最优解适应度标准差逐渐减小，说明粒子间局部最优解逐渐统一，粒子整体上逐步向全局最优解靠近；但粒子每次搜索之后的更新解的适应度标准差却在一定范围内随机上下振荡，说明粒子在模型空间中彼此的搜索并没有统一，粒子群个体保持较好的多样性，从而证明算法具有较强的全局搜索能力。

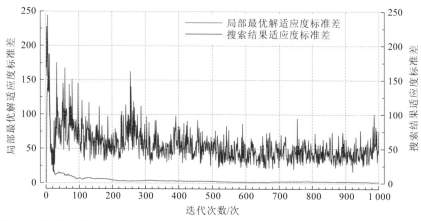

图 3.8　迭代搜索过程中粒子局部最优解适应度标准差和搜索结果适应度标准差对比

3.1.3　算法改进及理论模拟分析

通过对粒子群算法中相关参数的分析，本书利用确定的参数值（或范围）对直立板状体的磁化强度大小进行反演，分别测试不同惯性权重、学习因子和群体规模等参数，反演结果如图 3.9（c）所示，磁化强度分布呈发散特征，尽管比较好的拟合观测数据，但反演结果与实际模型差别较大，粒子群算法反演没有实现有效收敛，算法搜索没有发现真实的全局最优解。

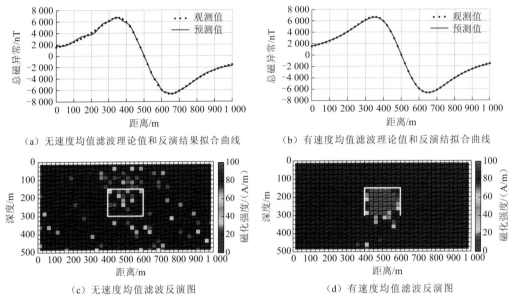

(a) 无速度均值滤波理论值和反演结果拟合曲线　　　(b) 有速度均值滤波理论值和反演结拟合曲线

(c) 无速度均值滤波反演图　　　　　　　(d) 有速度均值滤波反演图

图 3.9　有无速度均值滤波的反演结果对比图

白色矩形框为理论模型边界，理论模型磁化强度 $M = 100\ \text{A/m}$，地磁倾角 $I = 45°$，测线方位角为 $0°$。

对这种现象进行深入分析，认为本质上是每次搜索过程中粒子速度的方向和步长随机性过大，模型空间网格单元之间相互独立的原因，从而导致反演结果不理想。在实际情况下，每个粒子对应一个可能的模型解，粒子的每个元素唯一对应于相应模型的一个网格。构成模型的网格单元物性不可能是杂乱无章的，而是有规律的，网格之间应该有一定的关联性、连续性，不应该过多地存在个别网格单元物性值普遍偏离整体规律，通常通过对粒子位置或速度进行极值限制的方式来使解趋于实际情况。一般规定粒子速度 $v_{i,j}(t) \in [-V_{\max}, V_{\max}]$，$v_{i,j}(t+1)$ 的取值方式为

$$v_{i,j}(t+1) = \begin{cases} V_{\max}, & v_{i,j}(t+1) > V_{\max} \\ -V_{\max}, & v_{i,j}(t+1) < -V_{\max} \end{cases} \tag{3.42}$$

这种约束，可以对粒子的速度起一定的调节作用，但在反演过程中发现该范围的理论最大值不易确定，范围太大的粒子速度约束效果不明显，范围太小则会导致算法收敛缓慢和反演结果物性值与理论值差距过大。

1. 均值速度滤波

基于以上分析，本书提出 9 点均值速度滤波改进方法，将其应用到二维位场数据反演中，从而改善粒子中各维元素的连续性，防止个别粒子速度逃逸，使粒子更快、更好地向最优解方向收敛。

假设粒子 x_i 在 t 时刻的速度为 $v_{i,j}(t)$，粒子的维数为 $j \in [0, D]$，第 2 章中标准粒子群粒子速度 $v_{i,j}(t)$ 可进一步表示为式（3.43）。通过对粒子更新速度的均值滤波，可以有效地增加粒子各维之间的连续性，从而使网格单元与周围单元具有更强的联系性，使脱离正常变化规律的个别网格单元回到正轨。这样虽然在一定程度上减小了粒子搜索的随机性，但使搜索的粒子位置更加符合实际情况，从而加快了粒子的搜索速度。

$$v_{i,j}(t) = \begin{cases} [v_{i-1,j-1}(t) + 2v_{i-1,j}(t) + v_{i-1,j+1}(t) + 2v_{i,j-1}(t) + 4v_{i,j}(t) \\ + 2v_{i,j+1}(t) + v_{i+1,j-1}(t) + 2v_{i+1,j}(t) + v_{i+1,j+1}(t)]/16 \end{cases} \tag{3.43}$$

图 3.9（a）和（c）是基于标准粒子群速度更新公式改进之后没有进行速度均值滤波的反演结果和磁异常拟合曲线，（b）和（d）是在迭代过程中对粒子速度进行 9 点均值滤波后的结果和磁异常拟合曲线。对迭代过程中的速度进行均值滤波，不仅改善了反演结果，还减小了个别异常速度对整体速度的影响，防止出现图 3.9（c）中异常单元网格随机分散的问题。通过图 3.9（d）可以看出，基于速度均值滤波的反演可有效改善脱离粒子大多数元素取值的变化规律的参数，使粒子群算法在反演中的随机性减少，增强模型空间各维磁化强度之间的联系，使反演结果与实际值拟合精度提高[图 3.9（b）]，反演模型更准确，反演异常体的大小、埋深、上下边界及磁化强度大小都较好地反演。

2. 模型约束

由于直立板状体模型[图 3.3（a）]相对简单，在上文反演算法的目标函数[式（3.30）]中并没有增加模型约束项 ϕ_m，仅仅依靠数据拟合项反演得到图 3.9（d）所示的结果。为减少重磁数据反演的多解性，本书粒子群算法反演采用的模型约束为

$$\phi_m = \frac{\left(\sum_i^n \left| \boldsymbol{r}_{d_i} - \boldsymbol{r}_{d_0} \right| / n \right)}{\left(h - h_0 \right)^{\beta/2}} \tag{3.44}$$

式中：$\boldsymbol{r}_{d_i}$ 为第 i 个模型单元的位移矢量；$\boldsymbol{r}_{d_0}$ 为所有异常模型单元的平均位移矢量；h 为模型单元的深度；h_0 为与深度有关的常数；β 为深度加权系数[107]，本书二维反演模型选择的系数 $\beta = 3$。这种约束方法与基于粗糙度模型约束方法不同，其保证了反演模型物性分布体积最小，异常体的模型单元分布集中，同时模型约束项中增加了深度加权因子，有效缓解了位场反演的"趋肤效应"。

图 3.10 显示了直立板状体模型在目标函数中增加模型约束项 ϕ_m[式（3.44）]后的反演收敛过程，反演初始模型赋值为零，正则化因子 $\lambda = 5$。在迭代搜索前期，粒子群算法从零空间开始搜索；随着粒子在全局空间搜索，粒子的位置不断向真实模型靠近，反演解逐渐逼近真实模型；在迭代搜索后期，算法由于陷入全局极值（或局部极值），算法收敛缓慢，反演结果变化逐渐减小。在整个迭代搜索过程中，异常体的大小、形状、埋深、边界及物性参数逐步得到有效的恢复，证明模型约束项 ϕ_m 的有效性和合理性。

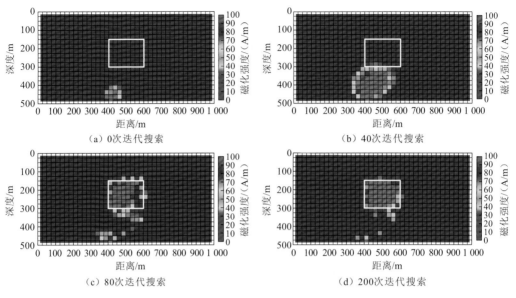

（a）0次迭代搜索　　　　　　　　　　　（b）40次迭代搜索

（c）80次迭代搜索　　　　　　　　　　　（d）200次迭代搜索

图 3.10　直立板状体模型的磁化强度大小反演收敛过程

图 3.11 显示了倾斜板状体模型的反演结果与理论数据和预测数据的拟合曲线，正则化因子 $\lambda = 6.4$，粒子群算法经过 300 次迭代搜索，目标函数值逐渐降低，反演解的相对拟合差逐步减小，最终到达 2.9%，理论数据与预测数据的拟合曲线如图 3.11（b）所示，两者较好吻合，说明改进后的粒子群算法反演有较好的优化能力和收敛稳定性；反演结果如图 3.11（a）所示，磁化强度的分布、埋深、大小、倾向、异常体边界都与真实模型基本一致。图 3.11（a）与图 3.10（d）反演结果相似，反演剖面深部还存在部分较小的异常单元分布，这主要是因为深部异常体的信号非常微弱的原因引起。

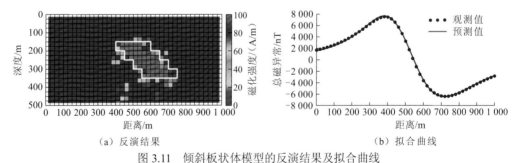

（a）反演结果　　　　　　　　　　　（b）拟合曲线

图 3.11　倾斜板状体模型的反演结果及拟合曲线

3. K 均值聚类分析

通常，式（3.44）的约束方法主要适用于简单模型，使场源的分布更加集中。然而，当地下空间有两个及其以上场源同时存在时，模型约束项仍然使用式（3.44）时就得不到较好的反演结果。如图 3.12（a）、（c）所示，该图为两个平行竖直板状体使用式（3.44）约束下的反演结果，两个场源的磁化强度分布有连接的趋势，反演结果整体上趋于一个场源中心，位于两个竖直板状体的中间部位，与真实模型差距较大。

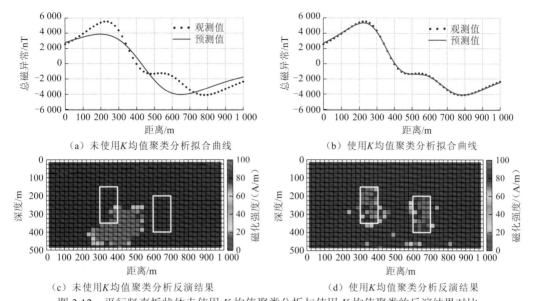

（a）未使用 K 均值聚类分析拟合曲线　　　　　　（b）使用 K 均值聚类分析拟合曲线

（c）未使用 K 均值聚类分析反演结果　　　　　　（d）使用 K 均值聚类分析反演结果

图 3.12　平行竖直板状体未使用 K 均值聚类分析与使用 K 均值聚类的反演结果对比

K 均值聚类分析算法是一种基于距离的聚类算法。该算法认为单元簇是由距离靠近的对象组成的，因此将得到紧凑且独立的簇作为最终目标。同样，在反演多场源异常体问题中，关键是将位场数据集中在某些方面相似的物性单元进行分类组织[128-129]。因此，本书提出用 K 均值聚类分析的方法对磁化强度反演进行约束，使之分布更加集中和合理。

在迭代过程中，假设非零物性单元的中心位于点 $\{p^{(1)}, p^{(2)}, \cdots, p^{(N)}\}$，聚类中心记为 $\{\hat{\mu}_1, \hat{\mu}_2, \cdots, \hat{\mu}_K\}$，其中 N 是非零物性单元的总个数，K 是聚类中心的个数。K 均值聚类算法实现步骤如下。

（1）给定聚类中心的个数 K 和各个聚类中心的位置 $\hat{\mu}_j$ $(j = 1, 2, \cdots, K)$。

（2）计算非零点 $p^{(i)}$ $(i = 1, 2, \cdots, N)$ 与每个聚类中心 $\hat{\mu}_j$ 的欧几里得距离：

$$d_{\hat{\mu}_j}^{(i)} = \left\| p^{(i)} - \hat{\mu}_j \right\|^2 \tag{3.45}$$

（3）分别比较非零点与每个聚类中心的距离大小，对于每个点 $p^{(i)}$，相应距离 $d_{\hat{\mu}_j}^{(i)}$ 达到最小，则 $\hat{\mu}_j$ 为该非零物性单元点的聚类中心。

（4）计算每个非零值物性单元的聚类中心。

（5）将聚类中心 μ_j 对应的异常单元 $p^{(i)}$ 记为 $p_{\hat{\mu}_j}^{(i)}$，通过类似于式（3.44）的模型约束项增加到目标函数的反演过程中：

$$\phi_{\mathrm{m}} = \frac{\left(\sum_{j=1}^{K} \sum_{i} \left\| p_{\hat{\mu}_j}^{(i)} - \hat{\mu}_j \right\|^2 \right)}{\left(h - h_0 \right)^{\beta/2}} \tag{3.46}$$

通过以上 5 个步骤，本书实现了利用 K 均值聚类分析方法进行约束反演。图 3.12 是使用 K 均值聚类分析与未使用 K 均值聚类分析的结果对比。理论模型由两个不同水平位置和不同埋深的垂直板状体组成，未使用 K 均值聚类分析时，反演的物性分布集中在两个板状体之间，呈单一异常体趋势分布，与真实模型有较大差别[图 3.12（c）]。但是，当使用式（3.46）的聚类分析进行约束反演之后，磁化强度的分布被分开，它们的位置、形状、产状均与理论模型吻合[图 3.12（d）]。因此，使用 K 均值聚类分析有效地改善了多场源异常反演效果，提高了复杂模型反演的精确性。

4. 无噪数据反演结果

首先利用改进的粒子群算法对理论模拟数据进行反演测试，初始模型网格单元磁化强度大小设置为 0 A/m，并在模型约束项中引入深度加权系数（$\beta = 3$），其他基本参数设置见表 3.1，计算时间与程序复杂度和计算环境相关。此外，为进一步控制算法的搜索能力和反演结果准确性，分别对粒子群算法粒子飞行速度（$V_{max} = 50$）、最小拟合误差（百分误差 $= 0.5\%$）和最大迭代搜索次数（MaxDT $= 5\,000$）进行限制。

表 3.1 6 种理论模型粒子群算法反演参数设置

理论模型	反演结果	N_P	磁化强度范围/（A/m）	λ	ω		$c_1 = c_2$
					ω_{min}	ω_{max}	
直立板状体模型	图 3.13（a）	20	0～100	5	0.6	0.96	2
倾斜板状体模型	图 3.13（b）	20	0～100	6.4	0.6	0.96	2
平行竖直板状体模型	图 3.13（c）	20	0～100	2	0.6	0.96	2
向斜模型	图 3.13（d）	20	0～100	2	0.6	0.96	2
断层切割模型	图 3.13（e）	20	0～100	0.5	0.6	0.96	2
垂向尖灭模型	图 3.13（f）	20	0～100	2	0.6	0.96	2

在理论数据不含高斯噪声时，通常在迭代上百次之后（100 次约耗时 156 s）算法都能实现收敛，磁异常理论数据曲线和反演预测曲线拟合程度较高。图 3.13 是 6 种理论模型磁化强度大小反演结果，可以看出，对于单一直立和倾斜板状体反演的磁化强度大小、异常体埋深、水平位置、倾斜角度和边界都与真实模型一致[图 3.13（a）、（b）]。对于其他组合模型，反演结果与真实模型存在一定的偏差，但主要特征均与真实模型一致。通过引入 K 均值聚类分析，平行竖直板状体模型较好地反演出异常体的埋深、大小、边界和水平位置分布[图 3.13（c）]。但由于地面数据有较低的垂向分辨率，以至于很难区别向斜模型的两个板状体深部[图 3.13（d）]。此外，由于浅部磁性体的压制，粒子群算法很难准确反演组合模型中埋深较大的板状体的位置、形状和大小等信息，但对浅部异常体反演效果较好[图 3.13（e）和（f）]。

为进一步分析粒子群算法反演能力，本书将粒子群算法反演结果与其他算法对相同模型反演结果进行对比，利用蚁群算法和预优共轭梯度法（preconditional conjugate gradiem，PCG）对上文 6 种理论模型进行反演。研究表明，蚁群算法反演结果能较好地与真实模型吻合，反演的磁化强度在 70～100 A/m，但无论对于直立和倾斜板状体模型，还是针对复杂的断层切割、垂向尖灭模型，蚁群算法对于异常体的边界刻画的还不够清

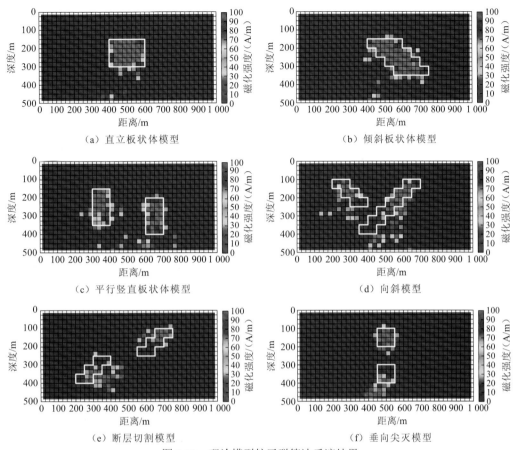

图 3.13　理论模型粒子群算法反演结果

晰，异常体内部的网格单元整体较分散，具体应用见第 5 章。此外，预优共轭梯度法成功反演得到了与真实模型相似的结果，但反演结果过于光滑，导致对于异常体的边界刻画的不够清晰，并且预优共轭梯度法反演的磁化强度的最大值接近 60 A/m，与理论值（100 A/m）有较大的差距。

因此，相对于传统的线性和非线性算法而言，粒子群算法反演对于异常体的形状、规模、埋深、物性参数等方面刻画得更加精细。此外，粒子群算法非线性反演具有较高的计算效率和收敛速度，也具有较好的全局优化能力，能够更快地反演地球物理数据。

5. 加噪数据反演结果

在地球物理领域，噪声干扰是不可避免的问题，实测数据总是存在不同程度的噪声。因此，反演算法的噪声分析对于算法性能至关重要。本节首先以直立板状体模型为例，讨论对粒子群算法反演的抗噪性。

图 3.14 为对直立板状体模型正演结果数据添加标准差高斯噪声的磁异常曲线，其中红色实线为不含噪声理论数据，最大高斯噪声标准差为 2 000 nT，用相同参数对含不同标准差的噪声数据进行反演，反演结果如图 3.15 所示。

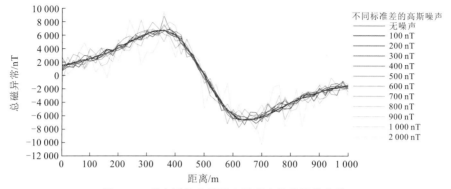

图 3.14　直立板状体模型水平噪声的磁异常曲线

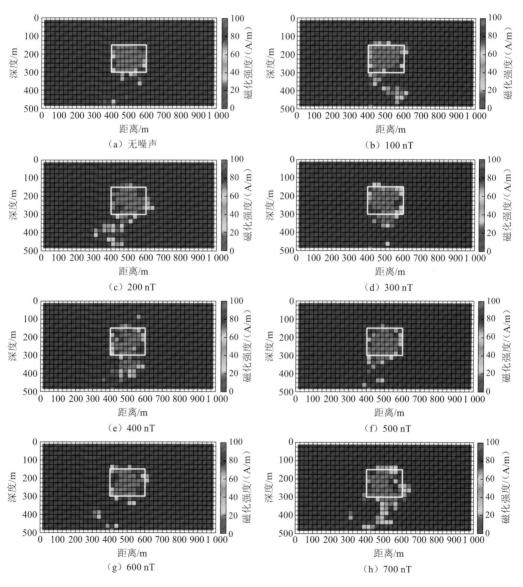

（a）无噪声

（b）100 nT

（c）200 nT

（d）300 nT

（e）400 nT

（f）500 nT

（g）600 nT

（h）700 nT

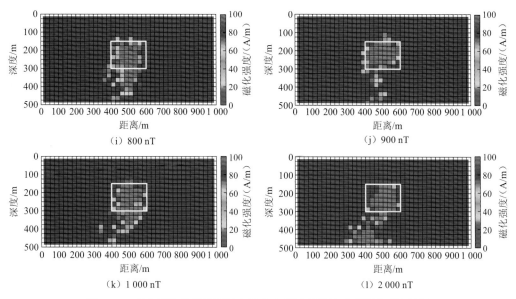

图 3.15 直立板状体模型不同水平噪声磁异常的粒子群算法反演结果

从图 3.15 中直立板状体模型的反演结果可以看出,粒子群算法具有较强的抗噪能力,在不同水平噪声干扰下,粒子群算法反演结果与真实模型的形状、大小和磁化强度分布基本一致,尤其对异常体的埋深和磁化强度大小反演准确。由于地面位场数据较低的垂向分辨率和表层强磁性体的压制,不同噪声水平反演结果的深部仍存在分散的异常单元,对异常体底界面的深度反演不够准确。此外,当含高斯噪声标准差为 100 nT(约 5%)至 600 nT(约 10%)时,反演结果也较好地与真实模型吻合[图 3.15(b)~(g)]。当噪声水平大于 1 000 nT,反演磁化强度分布、延伸与理论模型差别较大(图 3.15)。

3.1.4 粒子群算法应用实例

1. 应用实例一

1)青海省尕林格铁矿区地质背景及地球物理特征

青海省尕林格铁矿区地处柴达木盆地西南缘,行政上隶属青海省格尔木市乌图美仁乡管辖,构造上处于东昆仑造山带祁漫塔格成矿带[130-131]。该区表层广泛分布第四系砂砾沉积物,主体构造走向为北西—南东向,如图 3.16(a)所示。在广厚的砂砾层之下,掩埋着滩间山群的泥硅质岩、透辉石岩夹碎屑岩和大理岩等。地质钻孔揭露该区主要矿群共有 8 条铁矿体,顺层产于滩间山群岩层中,主要为灰色、灰黑色的稀疏、稠密、致密浸染状磁铁矿,另夹少量黄铁矿、褐铁矿及其矿化体。

表 3.2 为该矿区主要岩性磁参数统计结果,该区磁铁矿具有很强磁性,致密块状磁铁矿磁化率可达 $501\,000\times10^{-6}\,4\pi$(SI),而 Koenigsberger 值($Q=M_{\mathrm{r}}/M_{\mathrm{i}}$)仅为 0.24,说

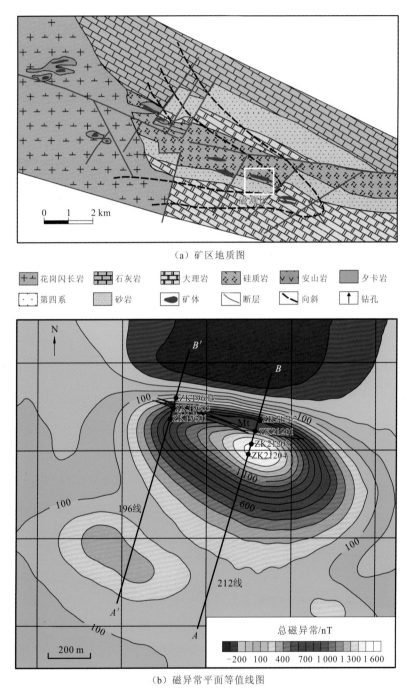

（a）矿区地质图

┿┿ 花岗闪长岩　▦ 石灰岩　▦ 大理岩　〰 硅质岩　∨ 安山岩　▨ 夕卡岩

⬚ 第四系　░ 砂岩　● 矿体　╲ 断层　╱ 向斜　↑ 钻孔

（b）磁异常平面等值线图

图 3.16　尕林格铁矿区地质图和地面磁异常图

明该区目标体以感磁为主，剩磁不强，磁铁矿化和磁黄铁矿化围岩磁性不强，无此矿化的围岩（滩间山群）显示弱磁或无磁性，目标磁铁矿与围岩间磁性差异较大，且该矿区磁铁矿被广厚的砂砾层覆盖，磁法勘探是最有效的方法。

表 3.2　尕林格铁矿区岩（矿）石磁参数统计结果表

岩（矿）石名称	样本数量	磁化率平均值 $\kappa/[4\pi\times10^{-6}(\text{SI})]$	剩磁平均值 $M_r/(10^{-3}\text{A/m})$	$Q=M_r/M_i$
致密块状磁铁矿	149	5.01×10^5	6.40×10^4	0.24
稠密浸染状磁铁矿	280	1.39×10^5	2.12×10^4	0.28
稀疏浸染状磁铁矿	171	4.23×10^4	2.86×10^4	1.26
稀疏浸染赤磁铁矿	9	2.02×10^5	5.99×10^4	0.55
磁铁矿化辉石岩	25	8.27×10^4	9.97×10^3	—
磁铁矿化夕卡岩	56	1.23×10^4	6.41×10^3	—
磁铁矿化大理岩	27	1.54×10^4	3.50×10^3	—
夕卡岩化大理岩	47	1.49×10^3	4.91×10^2	—
矿化大理岩	12	1.33×10^3	4.88×10^2	—
泥质硅质岩	16	3.77×10^2	1.98×10^2	—

　　矿区磁异常平面等值线图[图 3.16（b）]显示有明显的正负相伴异常，其长度和宽度为 1 200 m 和 500 m，呈椭圆状，北负南正，呈北西—南东走向，磁异常幅值达 1 600 nT。此外，该矿区地磁场强度为 $T_0=53\,800$ nT，地磁倾角为 $I_0=56°$，磁偏角 $D_0=-4°$。在此选择矿区 212 线和 196 线地面 ΔT 磁测异常进行反演，测线经过的磁铁矿体的规模和产状已被钻孔控制。

2）212 线和 196 线反演结果

　　212 线和 196 线位于矿区中部，贯穿矿区主要磁异常区，与目标体走向基本垂直。两条测线测点总数都为 61 个，点距 20 m，测线总长 1 200 m，如图 3.16（b）中 AB 和 $A'B'$ 测线所示，测线方向都与正北方向夹角为 16.5°。粒子群算法反演时，剖面被剖分为 40 列×20 行 = 800 个矩形（长 30 m，宽 25 m）均匀磁化的网格单元，通过物性参数统计，该矿区磁铁矿的平均磁化强度为 40 A/m，剩磁较弱，磁化强度方向平行于地磁场方向，因此算法中设置磁化强度大小为 0～50 A/m，其他参数与前文一致。

　　（1）212 线反演结果分析。图 3.17 为 212 线二维磁异常粒子群算法反演结果和钻孔录井地质剖面图。反演结果表明，磁性目标源位于 200～500 m 深处，形状为板状体，向西南方向倾斜 70°。在 350～550 m 的深度，反演的模型具有较大的不确定性。该线实施了 4 个钻孔 ZK21204、ZK21203、ZK21201 和 ZK21202。钻孔测井表明，矿体由一条大型磁铁矿带和几条小磁铁矿带组成，其形状和深度如图 3.17（d）所示。反演得到的模型与钻孔信息一致。

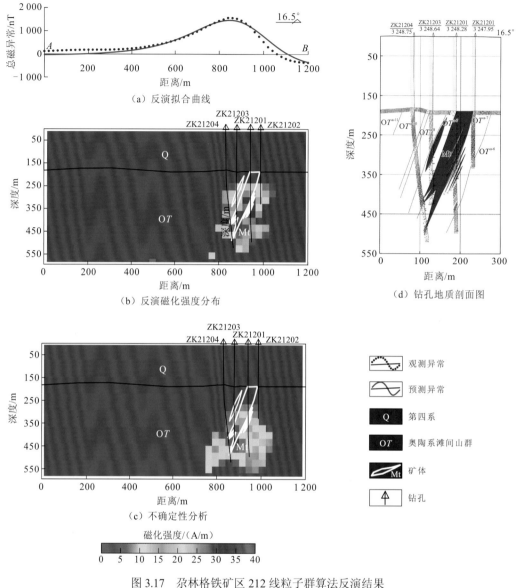

图 3.17　尕林格铁矿区 212 线粒子群算法反演结果

（2）196 线反演结果分析。图 3.18（b）和（c）显示了 196 线磁异常的二维粒子群算法反演结果和不确定性分析，结果表明在剖面的北部和南部存在两个主要的磁性目标源。北部磁体在 200～400 m 深处，向西南方向倾斜为 70°～80°。此外，不确定性分析结果表明，反演模型具有良好的可靠性。钻孔 ZK19601、ZK19603 和 ZK19604 表明，北部矿体含有 4 条向西南倾斜的薄矿带[图 3.18（d）]。反演的磁化强度分布无法区分与 4 个薄矿带；然而，总体位置和分布仍然与实际情况一致。此外，结果显示南边目标磁源埋藏在 300～350 m 的深度，这是一个隐伏铁矿体，尚未通过钻探验证。然而，据推测，矿体的尺寸小于北部矿带。

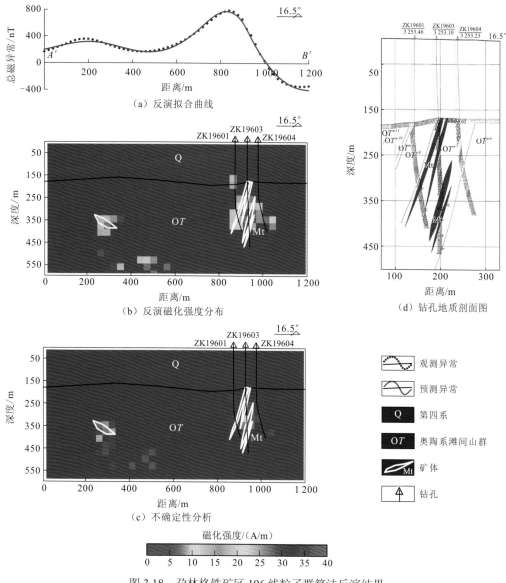

图 3.18　尕林格铁矿区 196 线粒子群算法反演结果

2. 应用实例二

1）江苏省韦岗铁矿区地质背景及地球物理特征

韦岗铁矿区位于下扬子凹陷褶皱带东部，宁镇穹断褶束中段，汤仑复背斜东端北翼，上党火山岩盆地西北边缘，属长江中下游铁、铜成矿带的东段[132-133]。该区由于受近南北向挤压应力场的作用，伴随近东西向褶皱构造的形成而产生一系列纵向压扭性、张扭性及横向张扭性断裂。

矿区出露地层岩性有志留系砂页岩、泥盆系石英砂岩、三叠系灰岩、白垩系砂页岩，燕山晚期花岗闪长斑岩、石英闪长斑岩和闪长玢岩为矿区主要侵入岩。其中，燕山晚期花岗闪长斑岩为矿区的成矿母岩，三叠系青龙组灰岩为矿区成矿围岩。矿区变质作用主要表现为花岗闪长斑岩侵入碳酸盐岩地层，发生接触变质作用形成夕卡岩、角岩、大理岩等，并产生绿帘石化、绿泥石化、钠长石化、硅化等围岩蚀变，矿体均赋存于花岗闪长斑岩与大理岩、角岩接触带的夕卡岩中。

表3.3为韦岗铁矿区主要的岩（矿）石标本的磁参数统计结果，说明该矿区磁铁矿磁性具有强磁性，平均磁化率 $\kappa = 73\,598 \times 10^{-6}\,4\pi\,\text{SI}$，平均剩余磁化强度 $M_r = 46\,395 \times 10^{-3}\,\text{A/m}$，磁铁矿与围岩（花岗闪长斑岩、矿化夕卡岩、角砾岩及大理岩等）有明显的磁性差异，当矿体具有一定规模时，可形成高磁异常，而矿化夕卡岩、花岗闪长斑岩和闪长玢岩将产生干扰异常。

表3.3 韦岗铁矿区岩（矿）石磁参数统计结果表

岩（矿）石	标本	$\kappa/(10^{-6}\,4\pi\,\text{SI})$			$M_r/(10^{-3}\,\text{A/m})$		
名称	数量	极大值	极小值	平均值	极大值	极小值	平均值
角砾岩	1	—	—	2.9	—	—	1.4
闪长玢岩	6	1 706	22.8	523.1	326.8	2.8	96.1
大理岩	8	26.9	2	9.6	109.2	3.2	28
夕卡岩	11	277	28.4	121.9	1.6.1	3.7	42.7
花岗闪长斑岩	7	3 392.8	2 841.4	3 117.9	812	527.5	636.1
矿化夕卡岩	2	109 180	74 860	92 020	108 547	48 271	78 409
磁铁矿	15	165 776	2 089.2	73 598	180 870	470.5	46 395

图3.19为韦岗铁矿区1∶2 000 ΔZ 平面等值线图和平面地质图，ΔZ 整体近东西走向，呈向南凸出的弧形，其形状似"元宝状"。异常等值线圆滑，北陡南缓，北侧伴有负场，南侧伴随宽缓的零值区域，经数据化极处理之后，证实该异常是受斜磁化影响造成的。

ΔZ 异常中心强度大且异常宽缓，向东西变弱、变窄，反映深部磁性体东西向变薄、变浅，磁异常场值平均值为-500 nT左右，极大值为21 000 nT，极小值为-1 100 nT。经钻探证实韦岗矿体由上下两个矿带组成，上部矿带为矿床主体，矿量占前期探明总储量的75%以上，长达1 000 m以上，埋深在0~-250 m，中部膨大，两端缩小。下部矿带矿体形态复杂，控制程度低，主要见于4号、6号、9号勘探线深部-500~-800 m。两矿带被夕卡岩分开，仅局部连为一体。因此在磁异常上反映为一规则磁异常。本书选择两条精测剖面进行反演研究，从而进一步探讨深部矿带的分布情况。

2）精测剖面反演结果

精测剖面 A_1B_1 线和 A_2B_2 线均位于矿区中部，横贯矿区主要磁异常区，与原始勘探剖面交错分布。两条测线测点总数都为85个，点距10m，测线总长850m，如图3.19中 A_1B_1 线和 A_2B_2 线所示。粒子群算法反演时，研究剖面被剖分为34列×32行=1 088个正方形（实际边长为25 m）均匀磁化的网格单元，通过磁参数统计（表3.3），该区磁铁矿的平均磁化强度为100 A/m，剩磁较弱，因此算法中设置磁化强度大小范围为0~100 A/m；此外，韦岗地区地磁正常场 $T_0 = 49\,960$ nT，地磁倾角 $I_0 = 48.54°$，磁偏角 $D_0 = 5.17°$。

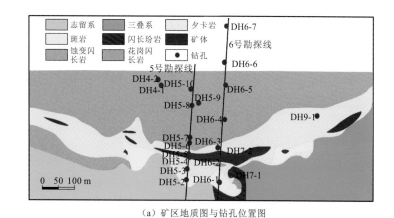

（a）矿区地质图与钻孔位置图

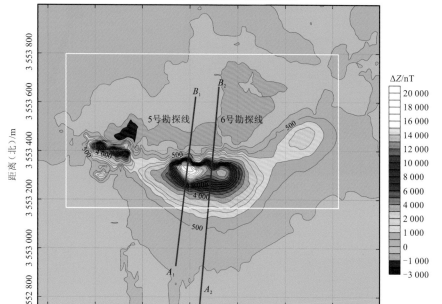

（b）矿区地面ΔZ 平面等值线图

图 3.19　韦岗铁矿区地质图及 ΔZ 平面等值线图

A_1B_1 线与 5 号勘探线位置相当，两者走向大致平行。5 号勘探线钻孔控制有两层矿体 [图 3.20（d）]，产于灰岩与闪长斑岩的接触带上，第一层矿体埋深 100~400 m，已被工程揭露或开采；DH5-10 钻孔在测线北部，穿过第二层矿体，预计第二层矿埋深 500~800 m。此外，ΔT 异常强度大，两翼不对称，其北翼梯度大于南翼，北侧有局部负值。粒子群算法反演结果如图 3.20 所示。

图 3.20（b）和图 3.20（c）显示了 5 号勘探线磁异常的二维粒子群算法反演结果和不确定性分析。反演的磁化强度分布为向北倾斜 70°~80° 的脉状模型，其中顶部深度约在 50 m 处，向深度方向延伸长度达到 500 m，铁矿资源丰富。不确定分析结果表明，该模型的不确定性较小。钻孔 DH5-3、DH5-9、DH5-10 与磁铁矿矿体相交钻孔测井推断出的矿体如图 3.20（d）所示。从地面到 500 m 深处反演的磁化强度分布与钻孔信息吻

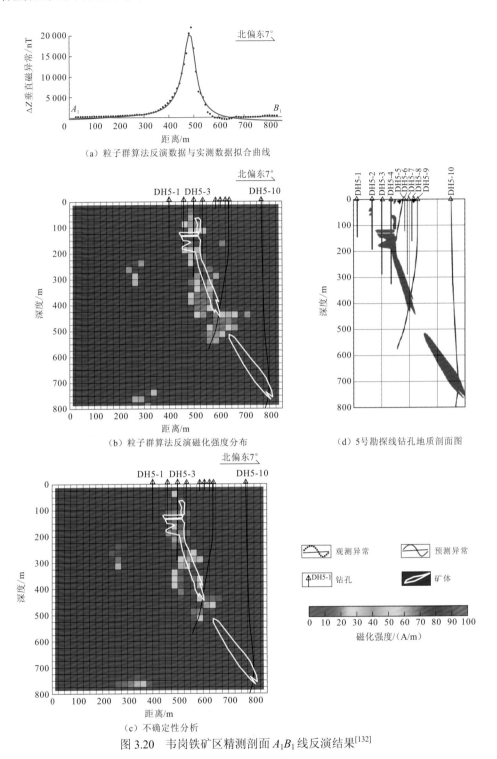

（a）粒子群算法反演数据与实测数据拟合曲线

（b）粒子群算法反演磁化强度分布

（d）5号勘探线钻孔地质剖面图

（c）不确定性分析

图 3.20　韦岗铁矿区精测剖面 A_1B_1 线反演结果[132]

合；但 DH5-10 钻孔遇到厚度约为 80 m 的磁铁矿矿层，推测在 500～800 m 深度存在隐伏矿体。然而，粒子群算法反演结果在 550 m 深度没有显示出磁化强度分布，主要原因是深埋磁性体的地表磁异常响应极为微弱。

A_2B_2 线与 6 号勘探线位置相近，两者走向基本平行。与 5 号勘探线类似，6 号勘探线钻孔控制两层矿体[图 3.21（d）]，产于灰岩与闪长斑岩的接触带上，第一层矿体埋深在 150～450 m，已被工程揭露或开采；DH6-5 钻孔在测线北部，穿过第二层矿体，预计第二层矿体埋深在 600～800 m。

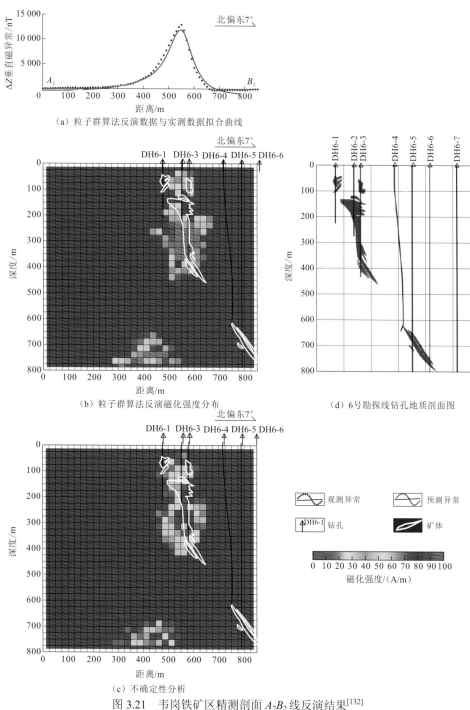

（a）粒子群算法反演数据与实测数据拟合曲线

（b）粒子群算法反演磁化强度分布

（d）6 号勘探线钻孔地质剖面图

（c）不确定性分析

图 3.21　韦岗铁矿区精测剖面 A_2B_2 线反演结果[132]

图 3.21 为精测剖面 A_2B_2 线反演结果和 6 号勘探线地质钻孔录井剖面，与 A_1B_1 线反演结果类似，粒子群算法较好地恢复了浅部第一层矿体的磁化强度分布。另外，DH6-4、DH6-5、DH6-6 等钻孔表明，在 600～800 m 深处存在隐伏的磁铁矿矿体。反演结果还表明，在大于 700 m 深度和距离在 300～500 m 处存在高磁化区。这可能是深部磁铁矿矿体的响应。但是，由于磁源埋藏太深，被浅层磁铁矿体所掩盖，反演的深部磁源误差较大，可靠性较低。

综上所述，粒子群算法能够有效收敛，具有较好的全局搜索能力和计算效率，对浅部异常体具有较高的分辨率，同时，粒子群算法具有较低的初始模型依赖性和较少的人为干扰因素。因为韦岗铁矿区浅部强磁性体对深部异常体的压制且第二层矿体的平均深度在 500 m 以下，导致在地表的异常响应非常微弱，所以仅根据地面异常很难反演第二层矿体的磁性分布及下延深度。地表数据和测井数据的联合反演将是解决该类问题的有效手段。

3.2　粒子群算法在电磁反演的应用

大地电磁测深（magnetotelluric sounding，MT）法是一种研究地球内部结构的天然电磁场的方法，在油气勘探、矿产普查等领域应用广泛。大地电磁反演是研究的热点，也一直是大地电磁测深研究的核心问题之一。经典的线性迭代反演收敛快，但反演结果依赖于初始模型。非线性反演方法的研究对完善地球物理反演理论，提高地球物理方法应用效果有重要性，国内外地球物理学家投入很大的精力，并取得了许多重要的研究成果。近年来，随着非线性反演在地球物理反演中具有全局搜索能力的特点，尤其是粒子群算法参数简单、收敛速度快等优点，被相关学者应用于大地电磁反演中[134-136]。

3.2.1　一维层状介质大地电磁反演

一维层状介质模型是大地电磁测深法常用的、经典的介质模型。反演的目的是根据实测的视电阻率来求取每一层的电阻率和层厚等模型参数。一维 N 层层状介质模型（图 3.22）可由如下向量表示：

$$\boldsymbol{m} = (R_1, R_2, \cdots, R_N,\ h_1, h_2, \cdots, h_{N-1})^{\mathrm{T}} \tag{3.47}$$

式中：R_i 为第 i 层的介质电导率 $(i=1,\ 2,\ \cdots,\ N)$；h_i 为第 i 层深度；$h_N = \infty$。

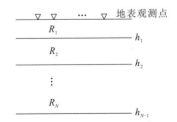

图 3.22　一维 N 层层状介质模型[135]

对于以上一维层状介质模型，在地表上可以观测到天然电磁场激发的视电阻率 R_a 和相位 φ_a，其计算公式如下：

$$R_a(\omega_f) = \frac{|Z(\omega)|^2}{\omega_f \mu}, \quad \varphi_a = \arctan \frac{\text{Im}(Z)}{\text{Re}(Z)} \qquad (3.48)$$

式中：$\omega_f = 2\pi/T$ 为角频率，T 为电磁传播周期；μ 为磁导率；$Z(\omega)$ 为地表波阻抗，可用下面递推公式计算：

$$Z_i' = Z_{0i}' \frac{Z_{0i}'(1 - e^{-2k_i h_i}) + Z_{i+1}'(1 + e^{-2k_i h_i})}{Z_{0i}'(1 + e^{-2k_i h_i}) + Z_{i+1}'(1 - e^{-2k_i h_i})}, \qquad Z_N' = \frac{\omega_\mu}{k_N} = Z_{0N}' \qquad (3.49)$$

其中：$k_i = \frac{i\omega\mu}{R_i}$ 为第 i 层复波数；Z_{0i}' 为第 i 层特征阻抗；Z_i' 为第 i 层顶面的波阻抗。大地电磁正演是已知地电模型参数 m，求其对应的理论观测值 d，正演可以写成如下方程式：

$$d = F(m) \qquad (3.50)$$

反演是已知地表实际观测数据 d^{obs}，反求其对应的地电模型向量 m^{est}，使得 m^{est} 所对应的理论观测值 $F(m^{\text{est}})$ 与实际观测数据 d^{obs} 吻合得最好，反演的目标函数定义如式（3.51）所示，反映两者的拟合程度。通过求该目标函数的最小值问题，得到反演结果 m^{est}。

$$P(m^{\text{est}}) = \left\| d^{\text{obs}} - F(m^{\text{est}}) \right\|^2 \to \min \qquad (3.51)$$

一维大地电磁粒子群算法反演可以设置下列具体步骤进行。

首先参数初始化，根据模型层数和反演参数的多少及问题的复杂性来确定相关参数，粒子维数和群体规模与地层参数有关；然后进行评价，单个粒子的参数通过正演得到对应的各频率的视电阻率，根据所给的目标函数求取粒子适应度，进而对该粒子得到的参数值进行评价；下面的几个步骤就和标准粒子群算法差不多了，择优进行更新，进入下一代循环，直到满足终止条件。

韩瑞通等[19]用标准粒子群算法对三层地电模型进行了反演，反演所具有的粒子群个体数目为 30，惯性权重 $\omega = 0.729\,8$，学习因子为 $c_1 = c_2 = 1.496\,2$。精度要求为 $\varepsilon = 1 \times 10^{-4}$，在这样的情况下，得到的反演结果见表 3.4。

表 3.4　三层地电模型反演结果[19]

参数	$R_1/(\Omega \cdot \text{m})$	$R_2/(\Omega \cdot \text{m})$	$R_3/(\Omega \cdot \text{m})$	h_1/m	h_2/m
理论模型	100	10	100	500	1 000
搜索范围	1～300	1～300	1～300	1～1 000	1～2 000
粒子群算法反演结果	99.8	10.0	99.9	499.6	1 009.4

3.2.2　大地电磁粒子群算法反演

大地电磁一维和二维反演的基本原理是一样的，都是根据观测到的视电阻率和相位来求解地下电性参数。肖敏[134]在粒子群算法的基础上进行了对二维大地电磁的反演研究。肖敏[134]所用的观测数据，均是模型正演所得的横电（transverse electric，TE）模式和横磁（transverse magnetic，TM）模式的视电阻率数据，数据不添加随机噪声。所用目标函数为如下形式：

$$\phi = \phi_d + \lambda \phi_m \tag{3.52}$$

式中：ϕ_d 为 TE 模式和 TM 模式联合反演时的数据拟合误差；ϕ_m 为模型约束；λ 为正则化因子，根据反演的目标来确定其大小。

二维大地电磁的反演步骤和本书第 2 章粒子群算法的基本步骤相同，即随机产生一系列的初始模型，随机给定例子的初始速度，按照式（2.6）和式（2.7）来更新速度和位置。目标函数如式（3.52）所示。

结合粒子群算法的初步反演结果，对粒子群算法进行一系列的改进，主要是初始模型的选取、粒子个体极值和整体极值选取方法的改进、粒子速度的平滑处理、加入速度变异等改进。

肖敏[134]设计一个地下模型为 10 Ω·m 的正方形低阻异常体，周围空间电阻率为 100 Ω·m，规模为 2 000 m×2 000 m（$Y \times Z$），顶部埋深 1 500 m，如图 3.23 所示。

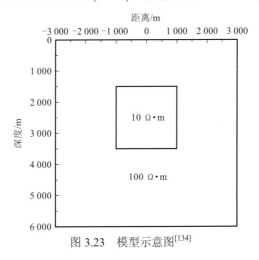

图 3.23　模型示意图[134]

根据以上模型，利用粒子群算法进行 TE 和 TM 模式联合反演，得到地下结构视电阻率等值线图，如图 3.24 所示。

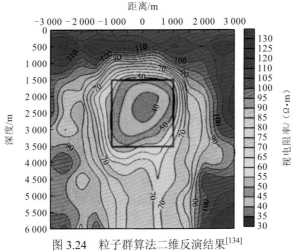

图 3.24　粒子群算法二维反演结果[134]

从图 3.24 中的结果可以看出，红色矩形区域是模型中真实低阻异常的区域，整体上看，低阻异常反应很明显，这个反演结果较准确地找到了异常体的位置和大致大小。结果表明粒子群算法在大地电磁二维理论模型的反演寻优是可行的。

3.3　粒子群算法在地震资料反演中的应用

地震勘探是一种重要的地球物理勘探方法，它是利用地下介质弹性性质的不同来了解地下构造形态和岩性物性特征。在地震反演中，观测数据一般是指原始地震资料，模型参数一般是指构造或岩性特征，如波阻抗、速度、密度、泊松比、孔隙度、地层压力、储层厚度等，以及地震资料处理中的一些待求参数。地震记录和模型参数的关系可以是线性的也可以是非线性的，相应地就有线性反演和非线性反演，但实际问题一般都是非线性反演[41]。

地震反演从方法上大致可以分为基于褶积模型的反演和基于波动理论的波动方程反演两大类，前一类算法简单，且适用性强，后一类算法结构复杂，难以得到比较稳定的解。所以，实际生产应用中普遍采用基于褶积模型的反演[137]。

粒子群算法作为一种高效的搜索算法，近年来受到学术界的重视。该算法凭借其实现方便、收敛速度快、参数设置少等优势，在各个领域得到了广泛应用和快速发展。在油气勘探程度日益提高的情况下，利用现有资料实现对已开发或即将开发的油气资源的最大化利用是地球物理方法需要解决的关键问题，解决这一问题需要更准确地模拟地下特征，更有针对性地选取方法，从而获得分辨率更高的宽频处理结果。粒子群算法在运用到地震非线性反演中时[57, 137-138]，也在求取最优时变子波矩阵中运用。

3.3.1　地震波阻抗粒子群算法反演

1. 波阻抗反演理论

波阻抗是一个与地层速度和密度综合特性相关的复合参数，是与地层岩性密切相关的一个参数，波阻抗反演是地震岩性反演的一种。通常把波速和密度的乘积定义为波阻抗。地震波在遇到地下界面时，如果界面两边的波阻抗相差比较大，则地震波在界面上会发生比较明显的反射；反之，界面之间的波阻抗相等或者接近的时候，则不会发生明显的反射现象。所以，一般在地震勘探中用反射系数来反映地下界面两边的物理性质和相关岩性特征。当地震波垂直入射时，反射系数为

$$r = \frac{A_2}{A_1} = \frac{\rho_2 v_2 - \rho_1 v_1}{\rho_2 v_2 + \rho_1 v_1} \tag{3.53}$$

式中：A_1 为入射波的振幅；A_2 为反射波的振幅；$\rho_1 v_1$ 为界面上介质的波阻抗；$\rho_2 v_2$ 为界面下介质的波阻抗。当上层介质波阻抗小于下层介质波阻抗时，反射系数为正，反之为负。反射系数的绝对值越大，则反射波的振幅和能量也越大。

由地震褶积模型可知，地震记录可表示为

$$x(t) = w(t) * r(t) + n(t) \tag{3.54}$$

式中：$x(t)$为地震记录；$w(t)$为地震子波；$r(t)$为反射系数；$n(t)$为噪声。

在地震反演时，就是要把无用信号噪声去除，然后根据已知的地震子波，通过反褶积，求出反映地下界面变化的反射系数序列，进而得到地下每一层的声波阻抗参数。这样就把界面型的地震剖面转换成岩层型的波阻抗剖面，使地震资料可以和其他地质资料相对比，从而推断地下介质的分布情况。

2. 建立目标函数

建立目标函数是粒子群反演过程中必不可少的一步，可以根据实际需要建立不同的目标函数，一般是采用最小二乘法来建立目标函数，结构简单且能较好地反映模型的反演效果。数学表达式可以表现为

$$f(t) = \sum_{i=0}^{n} [w(t) * r(t) - x(t)]^2 \tag{3.55}$$

式中：n为采样点数；$w(t) * r(t)$为褶积模型，即合成记录；$x(t)$为实际地震记录。通过不断地迭代，直到实际地震记录和反演的合成地震记录的残差平方和最小为止，此时得到的反射系数序列或者波阻抗剖面和地下实际情况最为接近。为了降低解的多解性，通常会在波阻抗反演中加入先验信息，此时目标函数变为

$$f(t) = \sum_{i=0}^{n} \{a[w(t) * r(t) - x(t)]^2 + b[\tilde{Z}'_n(t) - Z'_n(t)]^2\} \tag{3.56}$$

式中：a和b为约束权系数；$\tilde{Z}'_n(t)$为当前反演的波阻抗模型；$Z'_n(t)$为波阻抗模型的先验值。求解该目标函数的极小值所获得的波阻抗模型，不仅要求合成地震记录与实际地震记录较接近，还要求反演的结果不能偏离先验值太远，因此增加第二项的先验信息约束，可以提高反演精度，使结果更为可靠[137-138]。

3. 粒子群算法波阻抗反演应用

有了褶积模型和目标函数，就可以把算法运用到具体反演中去。具体实现方法：粒子群算法中粒子的每一维就对应地下某一地层的波阻抗。地下介质分为n层，则粒子的维数就是n。粒子群算法的任意一个粒子就在波阻抗空间里进行搜索，每搜索到一个新位置就相当于构建了一个新的波阻抗模型。对每一个新的波阻抗模型，可以用地震褶积求取模型响应，然后代入目标函数式（3.56）就可以算出各个粒子的适应度。粒子通过标准粒子群算法迭代公式来更新速度和位置，比较粒子当前适应度与历史最优适应度的大小就可以更新粒子历史最优位置，再比较各个粒子的历史最优适应度大小就能更新粒子种群最优适应度位置。

易远元等[57]为了检验粒子群算法，设计了一个20层的地震波阻抗模型，选用主频为35 Hz 的零相位的雷克子波做合成地震记录，如图 3.25（a）所示。然后对地震记录用粒子群算法进行波阻抗反演，用反演后的波阻抗与相同的地震子波合成地震记录，如

图 3.25（b）所示。经过比较计算，合成地震记录与反演后的地震记录能量相对误差不到 0.4%，相关系数达到 99.82%。并在后面进行了加噪声反演，当噪声增大到 30% 后，反演能量相对误差达到 24.06%，相关系数为 87.2%，反演误差稍微大一些，但结果还是可以接受的。李刚毅和蔡涵鹏[139]也设计了一个 7 层波阻抗模型，用粒子群算法在有、无噪声的情况下进行反演，得到的误差和相关系数结果和易远元等[57]的结果相近。

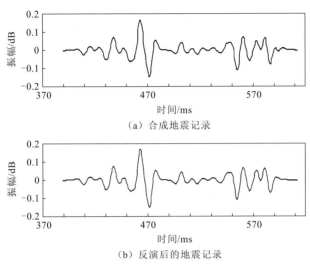

（a）合成地震记录

（b）反演后的地震记录

图 3.25　合成地震记录与粒子群算法反演效果[57]

为了检验粒子群算法在实际资料上的适用性，相关学者也对此做了研究。张明秀[140]分别用 Jason 软件和粒子群算法对实际地震剖面同时进行反演。粒子群算法反演与 Jason 软件的反演结果相比，两个剖面相似性较高，而且粒子群算法反演的剖面在目标层处很均匀，连续性和分辨率也很好，与测井曲线吻合较好。兰天等[141]对实际地震资料进行改进后的粒子群算法反演，结果表明合成记录与原始剖面吻合度较高，反演结果有很好的应用价值。

3.3.2　粒子群非线性 AVO 反演方法

AVO 技术是利用共中心点（common middle point，CMP）道集或者共反射面元资料来分析反射波振幅随着偏移距的变化规律。以此来估计地下岩石的弹性参数，如纵横波速度、密度及泊松比等，从而推断地层的岩性和含油性，达到储层预测的目的[48, 142-143]。

共反射点道集中的各道反射波来自同一个反射点，不同的是入射角不一样。反射系数不仅和弹性界面两边的介质物理性质有关，而且和入射角也有一定的关系。所以，研究 AVO 反演首先要研究反射系数与入射角和界面上下介质的物理性质的关系[41]。这个关系可以通过著名的佐普利兹方程来表示，但是方程形式比较复杂，难以运用于实践，因此在后来提出了简化式，其中最为常用的是式（3.57），即纵波反射系数：

$$r(\theta) \approx r_0 + \left[A_0 + \frac{\Delta \sigma_p}{(1-\sigma_p)^2} \right] \sin^2 \theta + \frac{1}{2} \frac{\Delta V_p}{V_p} (\tan^2 \theta - \sin^2 \theta) \tag{3.57}$$

式中：

$$r_0 \approx \frac{1}{2}\left(\frac{\Delta V_p}{V_p} + \frac{\Delta \rho}{\rho}\right) \tag{3.58}$$

$$\begin{cases} \Delta V_p = V_{p_2} - V_{p_1} \\ V_p = (V_{p_2} + V_{p_1})/2 \end{cases} \tag{3.59}$$

$$\begin{cases} \Delta \rho = \rho_2 - \rho_1 \\ \rho = (\rho_2 + \rho_1)/2 \end{cases} \tag{3.60}$$

$$\begin{cases} \Delta \sigma_p = \sigma_{p_2} - \sigma_{p_1} \\ \sigma_p = (\sigma_{p_2} + \sigma_{p_1})/2 \end{cases} \tag{3.61}$$

$$A_0 = B - 2(1+B)\frac{1-2\sigma_p}{1-\sigma_p} \qquad B = \frac{\Delta V_p / V_p}{\Delta V_p / V_p + \Delta \rho / \rho} \tag{3.62}$$

$$\theta = (\theta_I + \theta_R)/2 \tag{3.63}$$

以上公式中的参数包含着上下介质（1、2 分别表示上下介质）的密度 ρ、速度 V_p 及泊松比 σ_p 等弹性参数。所以反演的目标函数可以定义为

$$\phi = \sum_{i=1}^{m'} [R_{obs}(\theta_i) - R_{cal}(\theta_i)]^2 \tag{3.64}$$

式中：R_{obs} 为实际反射系数或者反射振幅，从动校正后的共中心点道集或者角度道集中提取；R_{cal} 为由计算理论模型得到的反射系数或者振幅；θ_i 为第 i 个反射角；m' 为反射角的数目。基于粒子群优化算法用于叠前 AVO 反演的基本思想：将待反演的上、下地层的各个弹性参数作为系统中的粒子，通过粒子群迭代公式进行迭代计算，使目标函数达到全局最小。

为了提高算法的适用性和反演效果，在粒子群 AVO 反演的基础上，严哲和顾汉明[144] 使用基于量子行为的粒子群优化算法进行叠前 AVO 弹性参数反演，无噪声和加噪声模型的反演结果说明了算法的有效性和稳定性，以及良好的抗噪性。谢玮[143]提出基于粒子群算法和最小二乘支持向量机的非线性 AVO 反演方法，模型数据和实际资料的反演结果表明，该方法克服了常规广义线性 AVO 反演在远炮检距及弹性参数纵向变化大等情况下的缺陷，可直接从实际地震道集数据中提取较高精度的地层弹性参数，具有快速稳健、抗噪能力强的优点。

3.3.3　智能化时变盲反褶积

本小节给出一种利用粒子群智能优化搜索方法求取最优时变子波矩阵的处理流程和系统，在得到最优时变子波的同时获得高分辨率反射系数序列和恢复无损地震记录，以期达到提高非平稳资料分辨率的目的。

要得到高分辨率、高保真的宽频处理结果少不了高质量的准确的时变子波矩阵，若其不准，其误差会影响后续处理、反演和解释的精度。传统的反射系数反演方法基于稳态子波假设，理论上要求输入的地震数据是稳态的。对于非稳态地震数据，若依然采用稳态反褶积或反射系数反演方法进行高分辨率处理，会导致更为严重的成像假象，进一

步影响后续的地震解释工作。则用这类方法从实际野外采集的非稳态地震数据中反演获取反射系数序列，首先需要补偿地层的 Q 滤波效应。

反 Q 滤波是一种较为常用的补偿地层 Q 滤波效应的方法，通常包括振幅补偿和相位补偿。反 Q 滤波振幅补偿从本质上来讲是不稳定的，除非在反 Q 滤波过程中很认真地考虑并设计了稳定的振幅补偿算子，振幅补偿项将会不可避免地放大高频噪声。对于其他非稳态数据高分辨处理方法来说，准确的时变子波矩阵是获得合理反演结果的前提条件。一般而言，Q 模型的偏差往往会导致地震子波在不同时间位置的衰减程度与真实值之间存在差异，从而影响时变子波矩阵的准确性，进一步通过影响波形匹配求解使得估计的反射系数产生偏差。因此，准确地估计 Q 模型和构建反演方程是获得真实地下反射脉冲图像的前提条件，也是非稳态地震资料处理获得高分辨率处理结果中不可或缺的一步。目前也有一些扫描 Q 策略来获得最佳 Q 值的方法，但 Q 值的效果主要依靠人工判别，这为反演工作带来了很多的工作量和误差。当前的地震资料处理解释趋向程序化智能化，从而急需一套不依赖于人工干预的智能化的反褶积系统。

1. 方法原理

从经典的声波波动方程出发，建立其平面波的解析解，如下：

$$s(t') = \int_{-\infty}^{\infty} \mathrm{d}\omega \int_{-\infty}^{\infty} r(t')\hat{w}(\omega_f)\mathrm{e}^{\mathrm{i}\omega t'}\mathrm{e}^{-\mathrm{i}\omega t'}\mathrm{d}t' \tag{3.65}$$

式中：$\hat{w}(\omega_f)\mathrm{e}^{\mathrm{i}\omega t'}$ 为简谐波；$t'=h/v$ 为传播时间；h 为深度；v 为速度；$r(t')$ 为反射系数。该解析解可看成不同频率简谐波的一个线性加权叠加，权系数为反射系数。

然后将式（3.65）里的实速度替换成复速度，可建立衰减介质下的平面波的解析解：

$$s(t') = \int_{-\infty}^{\infty} \mathrm{d}\omega \int_{-\infty}^{\infty} r(t')\tilde{w}(\omega_f)\exp\left(-\mathrm{i}\omega t'\right)\exp\left(-\mathrm{i}\omega t'\left|\frac{\omega_{f_0}}{\omega_f}\right|^{\gamma}\frac{1}{2Q(t')}\right)\exp\left(-\mathrm{i}\omega t'\left|\frac{\omega_{f_0}}{\omega_f}\right|^{\gamma}\right)\mathrm{d}t' \tag{3.66}$$

其中：$\exp\left(-\mathrm{i}\omega t'\left|\frac{\omega_{f_0}}{\omega_f}\right|^{\gamma}\frac{1}{2Q(t')}\right)$ 为振幅衰减项；$\exp\left(-\mathrm{i}\omega t'\left|\frac{\omega_{f_0}}{\omega_f}\right|^{\gamma}\right)$ 为相位校正项或子波整形项；ω_{f_0} 为参考角频率；$Q(t')$ 为介质的品质因子。

对式（3.66）进行离散化，可建立数据与 Q 和反射系数之间的数学联系：

$$\begin{bmatrix} s(t'_1) \\ s(t'_2) \\ \vdots \\ s(t'_K) \end{bmatrix} = \begin{bmatrix} \exp(-\mathrm{i}2\pi t'_1 f_1) & \exp(-\mathrm{i}2\pi t'_2 f_1) & \cdots & \exp(-\mathrm{i}2\pi t'_K f_1) \\ \exp(-\mathrm{i}2\pi t'_1 f_2) & \exp(-\mathrm{i}2\pi t'_2 f_2) & \cdots & \exp(-\mathrm{i}2\pi t'_K f_2) \\ \vdots & \vdots & & \vdots \\ \exp(-\mathrm{i}2\pi t'_1 f_M) & \exp(-\mathrm{i}2\pi t'_2 f_M) & \cdots & \exp(-\mathrm{i}2\pi t'_K f_M) \end{bmatrix}^H$$

$$\cdot \begin{bmatrix} w(f_1) & & & 0 \\ & w(f_2) & & \\ & & \ddots & \\ 0 & & & w(f_M) \end{bmatrix} \begin{bmatrix} \alpha(f_1,t'_1) & \alpha(f_1,t'_2) & \cdots & \alpha(f_1,t'_K) \\ \alpha(f_2,t'_1) & \alpha(f_2,t'_2) & \cdots & \alpha(f_2,t'_K) \\ \vdots & \vdots & & \vdots \\ \alpha(f_M,t'_1) & \alpha(f_M,t'_2) & \cdots & \alpha(f_M,t'_K) \end{bmatrix} \begin{bmatrix} r(t'_1) \\ r(t'_2) \\ \vdots \\ r(t'_K) \end{bmatrix} \tag{3.67}$$

或

$$s = F^H WA(Q)r \tag{3.68}$$

其中，F 为傅里叶算子，

$$F = \begin{bmatrix} \exp(-\mathrm{i}2\pi t_1' f_1) & \exp(-\mathrm{i}2\pi t_2' f_1) & \cdots & \exp(-\mathrm{i}2\pi t_K' f_1) \\ \exp(-\mathrm{i}2\pi t_1' f_2) & \exp(-\mathrm{i}2\pi t_2' f_2) & \cdots & \exp(-\mathrm{i}2\pi t_K' f_2) \\ \vdots & \vdots & & \vdots \\ \exp(-\mathrm{i}2\pi t_1' f_M) & \exp(-\mathrm{i}2\pi t_2' f_M) & \cdots & \exp(-\mathrm{i}2\pi t_K' f_M) \end{bmatrix};$$

W 为初始子波矩阵，

$$W = \begin{bmatrix} w(f_1) & & & 0 \\ & w(f_2) & & \\ & & \ddots & \\ 0 & & & w(f_M) \end{bmatrix};$$

$A(Q)$ 为依赖于 Q 值的时变衰减矩阵，

$$A(Q) = \begin{bmatrix} \alpha(f_1, t_1') & \alpha(f_1, t_2') & \cdots & \alpha(f_1, t_K') \\ \alpha(f_2, t_1') & \alpha(f_2, t_2') & \cdots & \alpha(f_2, t_K') \\ \vdots & \vdots & & \vdots \\ \alpha(f_M, t_1') & \alpha(f_M, t_2') & \cdots & \alpha(f_M, t_K') \end{bmatrix};$$

s 为衰减资料；r 为反射系数。

定义核矩阵 G 表示地震子波的带通滤波效应和地层的 Q 滤波效应，其表达式为

$$G = F^H WA(Q) \tag{3.69}$$

式中：矩阵 G 的第 n 列即为第 n 时刻的地震子波 w_n。

根据式（3.68）和式（3.69），含噪的非稳态数据 d 可以简写成：

$$Gr + n = d \tag{3.70}$$

式中：$r = [r_1, r_2, \cdots, r_K]^T$ 为待反演的模型参数；n 为噪声。由于地震数据的带限本质，直接解式（3.70）是不适定的。因此，应用稀疏贝叶斯反演方法进行时变盲反褶处理。

假设 n 服从均值为 0、方差为 σ^2 的高斯分布，即 $n \sim N(0, \sigma^2)$，在给定模型参数 r 和 σ^2 的条件下，d 的条件概率，也称为似然函数可表示成：

$$p(d \mid r, \sigma^2) = (2\pi\sigma^2)^{-K} \exp[-(d - Gr)^T(d - Gr)/(2\sigma^2)] \tag{3.71}$$

为了获得受地质假设驱动的解，稀疏贝叶斯学习反演方法需要对 r 施加先决条件，根据贝叶斯理论，限制 r 的概率分布是以零值为中心的标准正态分布，即

$$p(r \mid h) = \prod_{k=1}^{K} N(r_k \mid 0, h_k^{-1}) = (2\pi)^{-K/2} \prod_{k=1}^{K} h_k^{1/2} \exp(-h_k r_k^2 / 2) \tag{3.72}$$

式中：$h = [h_1, h_2, \cdots, h_K]^T$ 代表 K 个相互独立的超参数，每一个超参数分别控制其对应反射系数大小的先验信息。$N(r_k \mid 0, h_k^{-1})$ 表示反射系数 r_k 服从均值为 0，方差为 h_k^{-1} 的高斯分布，其中，$k = 1, 2, \cdots, K$。

由贝叶斯准则，在 d、h 和 σ^2 已知的条件下，联立式（3.71）和式（3.72），则有反射系数 r 的条件概率或后验概率密度分布：

$$p(\boldsymbol{r}\,|\,\boldsymbol{d},\boldsymbol{h},\sigma^2) = p(\boldsymbol{d}\,|\,\boldsymbol{r},\sigma^2)p(\boldsymbol{r}\,|\,\boldsymbol{h})\,/\,p(\boldsymbol{d}\,|\,\boldsymbol{h},\sigma^2)$$
$$= C\,|\,\boldsymbol{\Sigma}\,|^{-\frac{1}{2}}\exp\left[-\frac{1}{2}(\boldsymbol{r}-\boldsymbol{\mu})^{\mathrm{T}}\boldsymbol{\Sigma}^{-1}(\boldsymbol{r}-\boldsymbol{\mu})\right] \tag{3.73}$$

其中:

$$\begin{cases} \boldsymbol{\Sigma} = (\boldsymbol{H}+\sigma^{-2}\boldsymbol{G}^{\mathrm{T}}\boldsymbol{G})^{-1} \\ \bar{\boldsymbol{\mu}} = \sigma^{-2}\boldsymbol{\Sigma}\boldsymbol{G}^{\mathrm{T}}\boldsymbol{d} \end{cases} \tag{3.74}$$

式中: C 为一个常数; $\boldsymbol{\Sigma}$ 为协方差; $\bar{\boldsymbol{\mu}}$ 为均值; $\boldsymbol{H}=\mathrm{diag}\,(h_1,h_2,\cdots,h_K)$ 是一个对角矩阵。反射系数的估计由反射系数后验分布的均值 $\bar{\boldsymbol{\mu}}$ 给出。为了获得时变盲反褶积结果,首先要估计超参数 $\boldsymbol{h}$ 和 σ^2 的最佳值。

根据贝叶斯框架,超参数的边缘分布通过下式计算:

$$p(\boldsymbol{d}\,|\,\boldsymbol{h},\sigma^2) = -2\int p(\boldsymbol{d}\,|\,\boldsymbol{r},\sigma^2)p(\boldsymbol{r}\,|\,\boldsymbol{h})\mathrm{d}\,\boldsymbol{r} = (2\pi)^K\,|\,\boldsymbol{Q}\,|\exp(\boldsymbol{d}^{\mathrm{T}}\boldsymbol{Q}^{-1}\boldsymbol{d}) \tag{3.75}$$

式中: $\boldsymbol{Q} = \sigma^2\boldsymbol{I}+\boldsymbol{GH}^{-1}\boldsymbol{G}^{\mathrm{T}} = \sigma^2\boldsymbol{I}+\sum_{k\neq j}h_k^{-1}\boldsymbol{G}_k\boldsymbol{G}_k^{\mathrm{T}}+h_j^{-1}\boldsymbol{G}_j\boldsymbol{G}_j^{\mathrm{T}}$ 。对式(3.75)求最小值即可求出超参数 $\boldsymbol{h}$ 。这里使用了一种快速的迭代算法——相关向量机来获得时变盲反褶积结果。该算法每次迭代只更新一个反射系数脉冲或一个基向量 $\boldsymbol{G}_k$,但每次更新后目标函数或式(3.75)都会减小。反复迭代,利用式(3.75)计算 $\boldsymbol{h}$,式(3.74)计算 $\bar{\boldsymbol{\mu}}$,直到前后两次迭代的目标函数之差达到容忍误差。最后输出的 $\bar{\boldsymbol{\mu}}$ 为估计的稀疏反射系数。

实质上,通过式(3.75)每次迭代求出超参数 $\boldsymbol{h}$,相当于获得稀疏脉冲的位置,而通过式(3.74)求出 $\bar{\boldsymbol{\mu}}$,相当于获得稀疏脉冲的大小。因为相关向量机在迭代运算时,只是通过添加或删除基向量 $\boldsymbol{G}_k$ 来实时更新脉冲的位置和大小,不需要进行大矩阵的求逆运算,所以该方法具有很快的收敛速度。

在研究中发现,当 Q 值不准时,反演结果与真实模型之间存在差异,主要表现在脉冲振幅和非零脉冲个数上。而如何利用反演结果的这种现象捕获真实 Q 模型,是该方法建立群体智能优化适应度函数的一个关键。针对同一衰减地震资料不同 Q 值的反演结果不同,同时准确的 Q 值对应的反演结果具有更高的稀疏度这一现象,考虑选择 $l_{0.1}$ 范数作为评价准则建立适应度函数并进行结果评价。当用于构建时变子波矩阵的 Q 为准确值时,对应的稀疏贝叶斯学习反射系数反演结果最稀疏,其 $l_{0.1}$ 范数构建的适应度函数最小,因此选择 $l_{0.1}$ 范数作为评价准则并建立了如下适应度函数:

$$f(\boldsymbol{r}) = \|\boldsymbol{r}\|_{0.1} \tag{3.76}$$

式中: $\boldsymbol{r}$ 为由稀疏贝叶斯学习反演所得到反射系数序列。

在粒子群智能算法中,假设群体中有 n 个 Q 值粒子 $x_i(i=1,2,\cdots,n)$,每个 Q 值粒子是 D 维空间中的一个个体,每个 Q 值粒子的位置表示为 $x_i=(x_1,x_2,\cdots,x_D)$ 。每个 Q 值粒子都在 D 维空间中运动,其速度表示为 $v_i=(v_1,v_2,\cdots,v_D)$ 。不同的 Q 值粒子在空间中处于不同的位置,相对于适应度函数 $f(\boldsymbol{r})$ 有不同的适应度。群体中好的位置即适应度最小的粒子,用 G_g 表示;第 i 个 Q 值粒子经历过的最好位置用 P_{gi} 表示。

具体步骤如下。

(1)从衰减地震数据 $\boldsymbol{d}$ 中提取出初始地震子波 w_0 。

（2）随机产生 Q 值群的位置 x_i 和速度 v_i，将群体的最好位置 G_g、每个 Q 值粒子的最好位置 P_{gi} 进行初始化。

（3）由初始子波 w_0 和 Q 值群的位置 x_i 得到时变子波矩阵群 **G**。

（4）由时变子波矩阵群 **G** 和衰减地震数据 **d**，运用稀疏贝叶斯学习反演方法反演得到反射系数 **r**。

（5）计算每个 Q 值粒子的适应度 $f(\boldsymbol{r}_i)$ ($i=1, 2, \cdots, n$)。

（6）更新群体的最好位置 G_g 及每个 Q 值粒子经历过的最好位置 P_{gi}。

（7）利用粒子群群体更新公式更新群体的位置 x_i 和速度 v_i。

（8）判断是否满足终止条件，满足则结束，不满足则返回步骤（3）。

（9）最终搜索到的 Q 值粒子最好位置 G_g 就是所求的最优 Q 值，其对应的时变子波矩阵 **G** 就是所求的最佳时变子波库，**r** 就是所求的高分辨率的宽频结果，**Gr** 就是恢复的无损地震记录。

智能化时变盲反褶积宽频处理装置及系统整体流程图如图 3.26 所示。

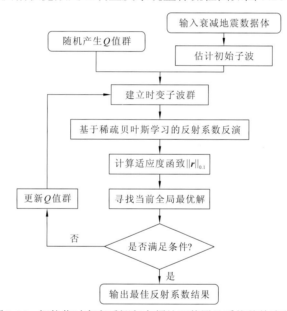

图 3.26　智能化时变盲反褶积宽频处理装置及系统整体流程图

2. 方法应用效果

设计一个由时变子波（图 3.27）与随机反射系数模型（图 3.28）合成的一维衰减地震数据（图 3.29 红实线）来测试应用效果。重复反演 20 次，每次的初始模型随机生成。图 3.27 展示了无噪条件下的真实时变子波及 20 个不同初始模型反演获得的最优时变子波。其中虚线表示浅部 100 ms 处的子波，带红色实线表示中部 500 ms 处的子波，带星号实线表示深部 900 ms 处的子波。可以看出真实和反演获得的子波在浅、中、深层都匹配得很好，且在 20 个不同初始模型条件下都能获得这样的好结果，证明了方法的稳定性和准确性。图 3.28 展示了无噪条件下真实及 20 个不同随机初始模型反演获得的反射系数序列。其中右侧第 1 道是真实的反射系数序列，左侧 20 道是 20 个不同初始模型条件下反演得到的反射系数序列。可以看出反演的反射系数与真实反射系数基本吻合，表明了时变盲反褶积方法是有效的。并且其重构的地震记录资料波形匹配得很好（图 3.29）。为了靠近真实情况，对这一维衰减地震数据加 5%的噪声。图 3.30 展示了含噪 5%条件下的真实时变子波及 20 个不同随机初始模型反演获得的最优时变子波。可以看出，随着深度增加，估计子波的精度相对变差，但仍可接受。反演得到的反射系数序列和真实模型基本一致（图 3.31），反演重构的地震记录资料也较匹配（图 3.32）。

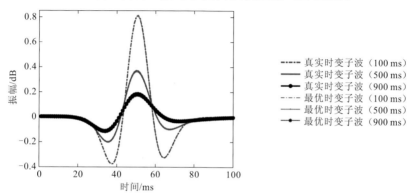

图 3.27 无噪条件下真实时变子波及反演获得的最优时变子波

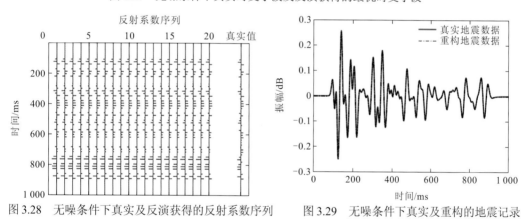

图 3.28 无噪条件下真实及反演获得的反射系数序列　图 3.29 无噪条件下真实及重构的地震记录

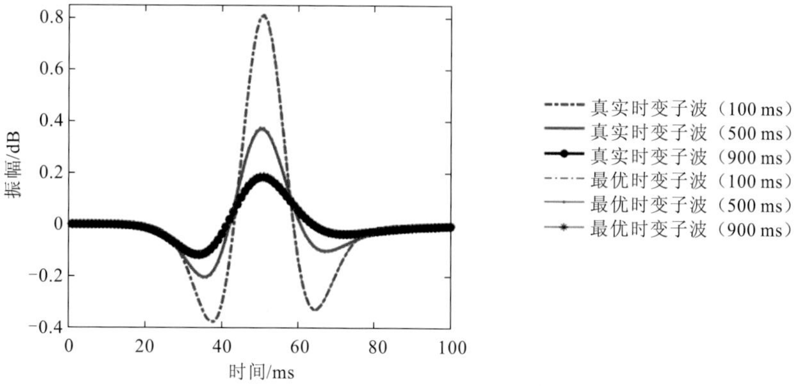

图 3.30 含噪 5%条件下真实时变子波及反演获得的时变子波

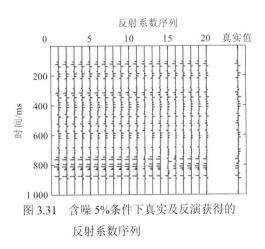

图 3.31　含噪 5%条件下真实及反演获得的
　　　　　反射系数序列

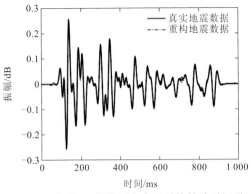

图 3.32　含噪 5%条件下真实及重构的地震记录

随后设计了横向纵向变化的 Q 模型来更深入地验证该方法估计 Q 值及高分辨率处理的有效性，也测试了反 Q 滤波后资料横向振幅的保幅性。图 3.33（a）是横向纵向变化的 Q 模型，第一层设计了横向变化的 Q（在 26～36 变动），第二层和第三层分别是 50 和 70。图 3.33（b）是设计的反射系数模型，其深层横向结构变化相对复杂。选取 30 Hz 的雷克子波作为初始子波与图 3.33（a）的 Q 模型构造衰减子波矩阵，进而与图 3.33（b）的反射系数模型褶积得到衰减地震剖面[图 3.33（c）]。从图 3.33（c）中可以看出，从浅到深有明显的振幅衰减。图 3.33（d）是新方法估计得到的 Q 值，对比图 3.33（a）可以看出与真实的 Q 值模型基本相当。图 3.33（e）是反演得到的反射系数，对比图 3.33（b）可以看出弱反射和深层反射都得到了较好的恢复。图 3.33（f）和图 3.33（g）分别是反 Q 滤波结果和理想的无衰减地震记录，反 Q 滤波后地震振幅和相位都有较好的补偿。图 3.33（h）是分别提取的图 3.33（c）、（f）、（g）的第一层沿层振幅随共深度点（common depth point，CDP）的变化曲线。从图 3.33 中可以看出，反 Q 滤波结果沿层振幅值得到补偿，并且与理想无衰减的沿层振幅值相当。因此，该方法不仅可以较为准确地估算 Q 值且沿着构造方向具有良好的保幅性。

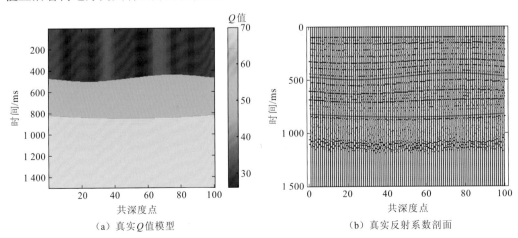

（a）真实 Q 值模型　　　　　　　　　　　（b）真实反射系数剖面

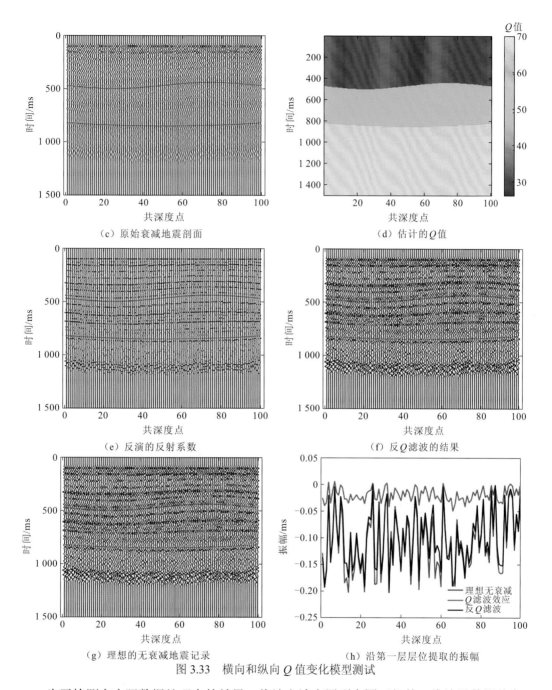

（c）原始衰减地震剖面　　　　　　　（d）估计的 Q 值

（e）反演的反射系数　　　　　　　　（f）反 Q 滤波的结果

（g）理想的无衰减地震记录　　　（h）沿第一层层位提取的振幅

图 3.33　横向和纵向 Q 值变化模型测试

　　为了检测在实际数据处理中的效果，将该方法应用到中国西部某三维地震数据体中。数据体包含 201 条纵测线及 201 条横测线[图 3.34（a）]。时间采样点 250 个，采样间隔 2 ms。图 3.34（b）是新方法估计得到的层 Q 值，该图展示了估计的 Q 值随着空间是变化的。为了细致比较处理前后结果，对处理前后沿层进行切片操作，如图 3.34（c）和（d）所示。通过对比图 3.34（c）和（d）可以看出，时变盲反褶积结果的沿层切片展示的地质体信息更丰富，横向分辨率明显增强，在河道延伸位置显示更加清晰，并且河道轮廓刻画细节更突出，尤其是图中圈出位置的对比，在原始切片上并不能追踪河道的延伸方向，但是反演结果的切片能够完全给出该分支的展布情况。

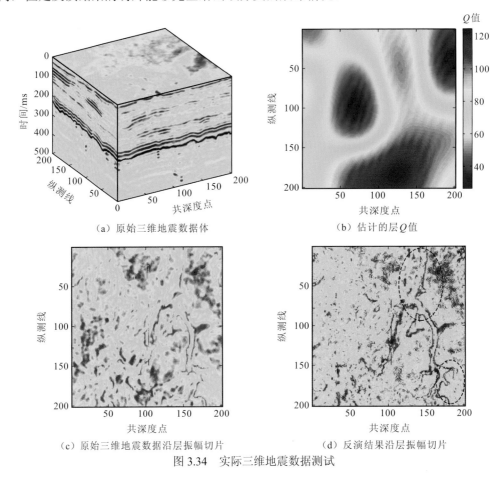

（a）原始三维地震数据体 （b）估计的层 Q 值

（c）原始三维地震数据沿层振幅切片 （d）反演结果沿层振幅切片

图 3.34   实际三维地震数据测试

3.3.4   粒子群频变 AVAF 反演方法

传统的 AVO/AVA 技术对油气检测做出了重要的贡献，但岩石物理试验和实际观测研究表明地震波在含气的岩层中传播时，岩石孔隙中流体的存在会导致岩石速度或弹性模量发生频散。试验表明：发生频散的主要是纵波速度，横波速度几乎没有频散。所以很多岩石物理模型都假设横波速度不发生频散，只有纵波速度频散。传统的振幅随入射角变化（amplitude variation with incident angle，AVA）反演忽略了这种速度频散现象，因此增加了含气预测的风险。而考虑速度频散的即振幅随角度和频率变化（amplitude versus angle and frequency，AVAF）反演仍然是不适定的和非线性的。为了避免非线性问题，可以采用粒子群算法这样的全局优化算法来进行反演问题的求解。相比于常规的 AVA 反演，考虑速度频散的 AVAF 反演结果更为准确，反演结果的不适定性更弱，能够较好地解释岩层的含气性。

1. 传播矩阵正演模拟

假设地层为层状介质且仅有纵波入射，横波速度不发生频散，利用 Carcione 的传播矩阵方程可以求得反射、透射系数向量 $r_\tau=[R_{PP}, R_{PS}, T_{PP}, T_{PS}]^T$，表达式如下：

$$r_\tau = -\left[A_T - (\prod_{j=1}^{N} B_j)A_B\right]^{-1} i_P \tag{3.77}$$

式中：A_T 和 A_B 分别为顶层和底层介质的传播矩阵；B_j 为中间第 j 层的传播矩阵；N 为中间层的数目；i_P 为入射向量，其中的元素与顶层介质的弹性参数有关。

传播矩阵可以适用于多层介质的正演，为了便于理解，以三层介质为例。假设中间层是黏弹性的储层，它的纵波速度是频散的，上下层为完全弹性的半无限空间围岩层，速度不发生频散，此时 $N=1$，式（3.77）化简为

$$r_\tau = -(A_T - BA_B)^{-1} i_P \tag{3.78}$$

式中：$A_T(V_{P_1}, V_{S_1}, \rho_1, \theta_1, f)$，$B(V_P, V_S, \rho, h, V_{P_1}, \theta_1, f)$ 和 $A_B(V_{P_2}, V_{S_2}, \rho_2, \theta_1, f)$ 分别为顶层、中间层和底层的传播矩阵。传播矩阵为弹性参数、入射角度和频率的非线性函数。V_{P_1}，V_P 和 V_{P_2} 分别为顶层、中间层和底层的纵波速度；V_{S_1}，V_S 和 V_{S_2} 为对应的横波速度；ρ_1，ρ 和 ρ_2 分别为对应的密度；h 为中间黏弹性层的厚度；θ_1 为入射角度；f 为频率。只有中间层的纵波速度 V_P 是频散的，通过岩石物理模型，可以得到一系列随频率变化的纵波速度 V_P，然后利用式（3.78）可以求得频率角度域的纵波反射系数 R_{PP}，它与包括频散纵波速度 V_P 在内的一系列弹性参数具有复杂的非线性关系，能够从向量 r_τ 中提取出来。要反演的参数不仅仅只有中间层频散的纵波速度、横波速度、密度和厚度，还包括了上层介质与下层介质的纵波速度、横波速度和密度。

三层介质的模型参数见表 3.5。

表 3.5　模型参数

模型	V_P/(m/s)	V_S/(m/s)	ρ/(kg/m³)	h/m
泥岩	2 743	1 394	2.06	—
砂岩	—	1 463	2.06	15

由表 3.5 中的模型参数，仅改变储层的含流体性质，通过传播矩阵方程正演就可以得到频率角度域的纵波反射系数如图 3.35 所示，模拟的角度范围是 0°～25°，频率范围是 1～100 Hz 的地震勘探频带，然后采用 20 Hz 主频的雷克子波来合成地震记录，得到对应的地震记录如图 3.36 所示。可以看到，根据流体性质的不同，反射系数的频变特征和地震记录的 AVA 特征差异很大，因此利用这个差异就能为油气预测提供依据。

2. 基于粒子群算法的 AVAF 反演

为了说明上的方便，这里仍然采用三层介质模型来进行说明，上下层均为非渗透性的围岩层，是完全弹性的介质，纵波速度、横波速度均不发生频散；中间为渗透性的储

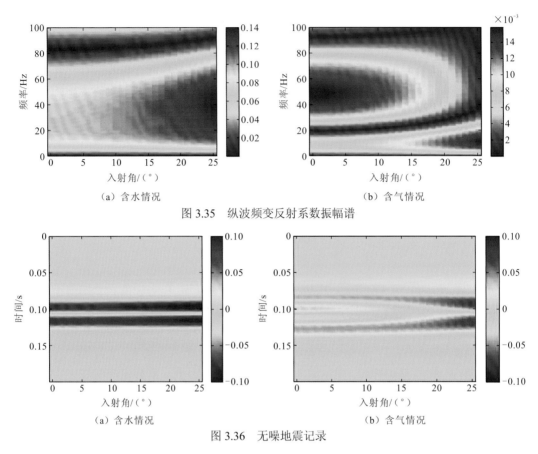

图 3.35　纵波频变反射系数振幅谱

图 3.36　无噪地震记录

层，为黏弹性介质，仅有纵波速度具有频散特征。根据某工区的实际资料，含气饱和度为 30%，渗透率为 1.2 mD，孔隙度为 10%，其他参数见表 3.6，其中要反演的参数不仅包括中间层随频率变化的纵波速度，还有上下层的纵波速度、各层的横波速度、密度和中间层的厚度，参数较多。考虑到该反演问题具有高度的非线性特征，而传统的线性化反演方法十分依赖于初始模型，且目标函数陷入局部极值后无法跳出，所以在此采用粒子群算法来进行 AVAF 反演。

表 3.6　实际模型参数

模型	V_P/(m/s)	V_S/(m/s)	ρ/(kg/m³)	h/m
泥岩	4 438	2 531	2.616 3	—
砂岩	—	2 567	2.513 9	10

　　对于给定的储层物性（孔隙度、渗透率、含气饱和度）及弹性参数（各种体积模量和剪切模量），利用斑块饱和模型可以计算得到中间储层介质随频率变化的纵波速度 $V_P(f)$。再给定三层介质模型各层的纵波速度、横波速度、密度及中间储层的厚度，可以通过传播矩阵方程计算得到反射透射系数向量 r_t，从中取出频变的纵波反射系数。

　　记反演参数的向量为 $\boldsymbol{m}=[V_P^{f_1},V_P^{f_2},\cdots,V_P^{f_L},h,V_S,\rho,V_{P_1},V_{S_1},\rho_1,V_{P_2},V_{S_2},\rho_2]$，其中 $V_P=[V_P^{f_1},V_P^{f_2},\cdots,$

$V_P^{f_L}$] 为中间层不同频率的纵波速度，且 $f_1 < f_2 < \cdots < f_L$ 为反演选择的频率，$V_P^{f_l}$ 为频率 $f_l(l=1, 2, \cdots, L)$ 处的纵波速度；V_S、ρ 及 h 分别为横波速度、密度和厚度，加上下标 1 和 2 以后代表顶层介质和底层介质，不加代表中间层。将目标函数定义为

$$\min_{\boldsymbol{m}} J(\boldsymbol{m}) = \sum_{\theta_j} \sum_{f_l} \left| R_{PP}(\boldsymbol{m}, f_l, \theta_j) - \frac{S^{obs}(f_l, \theta_j)}{w(f_l, \theta_j)} \right| \qquad (3.79)$$

式中：$R_{PP}(\boldsymbol{m}, f_l, \theta_j)$、$w(f_l, \theta_j)$、$S^{obs}(f_l, \theta_j)$ 分别为利用参数向量 $\boldsymbol{m}$ 计算得到的频率-角度域纵波反射系数 R_{PP}，子波及观测到的地震数据经过傅里叶变换后在频率 f_l 和角度 θ_j 处的值；$|\bullet|$ 为对复数的取模操作，这样使用了复数的实部与虚部，既考虑了振幅也考虑了相位，减小了反演问题的不适定性。

然后使用粒子群算法来求解能使得目标函数式（3.79）取得全局最小值的参数组合。将一个由反演参数组成的向量 $\boldsymbol{m}$ 作为一个粒子的位置（以下粒子的位置也称为粒子），对于给定规模大小的粒子群，其中的每个粒子都是反演问题的可行解，通过测井数据、岩石物理试验和工区先验的地质情况的认识，可以确定粒子群中每个粒子的搜索空间，即每个反演参数的取值范围；将每个可行解的扰动作为每个粒子的速度，得到粒子的更新公式：

$$\begin{cases} \boldsymbol{m}_i^{k+1} = \boldsymbol{m}_i^k + \Delta \boldsymbol{m}_i^{k+1} \\ \Delta \boldsymbol{m}_i^{k+1} = \omega(k) \Delta \boldsymbol{m}_i^k + c_1 r_1 (P_{gi}^k - \boldsymbol{m}_i^k) + c_2 r_2 (G_g^k - \boldsymbol{m}_i^k) \end{cases} \qquad (3.80)$$

式中：i 为粒子群中的第 i 个粒子；k 为第 k 次迭代；$\Delta \boldsymbol{m}$ 为对粒子的扰动，即粒子的速度；P_{gi}^k 和 G_g^k 分别为截至第 k 次迭代，第 i 个粒子的历史最优位置和粒子群中的最优粒子位置（将粒子代入目标函数 $J(\boldsymbol{m})$，得到的值越小说明粒子越优）；在粒子的速度迭代公式中，ω 为惯性权重，它与上一次迭代的速度相乘象征着上一次迭代的速度对本次速度的影响；第二项和第三项分别为粒子 $\boldsymbol{m}_i^k$ 在第 k 次迭代中向自己的历史最优位置 P_{gi}^k 和粒子群中最优粒子位置 G_g^k 的靠近行为，第二项称为"个体经验"，第三项称为"社会经验"，而 c_1 和 c_2 分别为粒子两种经验的学习因子，它们的取值一般为 2~4，通常认为两种经验同样重要，即 $c_1=c_2$；r_1 和 r_2 为 0~1 的随机数，用于增加粒子向"优秀"粒子靠近的随机性。

值得注意的是，惯性权重 ω 的大小与迭代次数 k 有关，记 $\omega(k)$ 表示第 k 次迭代的惯性权重，定义它随迭代次数的增加按指数规律衰减，即 $\omega(k)=d_c\omega(k-1)$，d_c 为衰减因子，是一个小于 1 的常数。这是因为在粒子群的搜索初期，解的质量都比较差，需要对解进行比较大的扰动，保持整个系统具有较强的全局寻优能力，而到了搜索后期，解的质量逐渐变好，已经不需要再对解进行太大的扰动，所以采用小的惯性权重做局部的精细搜索。但是惯性权重无限递减会使粒子失去活动能力，即使陷入了局部极值也不再具有跳出的能力，因此为了让系统后期仍然保持一定的全局搜索能力，为跳出局部极值提供可能，设定一个惯性权重的下限，当惯性权重小于这个值时，又增大为衰减之前的值 $\omega(0)$，继续再按指数衰减，这个思想与模拟退火算法的重升温过程类似。

先利用表 3.6 的储层模型参数进行单次试验正演，得到的地震记录如图 3.37 所示。

根据井资料划定三层介质的纵波速度、横波速度、密度和中间层厚度在反演过程中的搜索空间，总的迭代次数设为 1000 次。为了公平起见，除了 AVA 反演的中间层纵波速度不随频率变化，其他反演条件均相同。对 3 Hz、10 Hz、15 Hz、20 Hz、25 Hz 和 30 Hz 这 6 个频率对应的储层纵波速度进行反演，两种反演方法的纵波速度（包括上下层介质）搜索空间均为 4～5 km/s，横波速度为 2～3 km/s，密度为 2.4～2.7 kg/m³，中间层厚度为 5～20 m。利用粒子群优化算法分别对无噪的地震记录进行 AVAF 反演和 AVA 反演，得到所有参数的反演结果见表 3.7 和表 3.8。对两种方法得到的反演结果进行正演后与实际地震记录的残差剖面如图 3.38 所示。

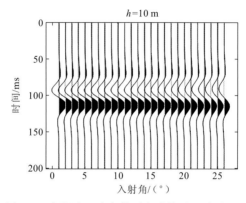

图 3.37　根据实际含气模型合成的无噪地震记录

表 3.7　含气模型无噪地震数据的 AVAF 反演结果

模型	V_P/(m/s)	V_S/(m/s)	ρ/(kg/m³)	h/m
上层	4 430.8	2 510.6	2.614 8	—
中间层	—	2 470.2	2.569 7	9.74
下层	4 432.7	2 511.8	2.613 0	—

表 3.8　含气模型无噪地震数据的 AVA 反演结果

模型	V_P/(m/s)	V_S/(m/s)	ρ/(kg/m³)	h/m
上层	4 596.2	2 508.2	2.601 0	—
中间层	—	2 493.0	2.600 0	18.52
下层	4 607.4	2 509.6	2.599 8	—

　　比较两种方法的反演结果可以发现，AVAF 反演得到的结果要更好一些。其中，AVAF 反演得到的中间层厚度为 9.74 m，与实际厚度相差无几，而 AVA 反演得到的中间层厚度与实际情况相去甚远。由于仅对 6 个频率的速度进行反演，为了不引入插值带来的误差，这里只用这 6 个频率合成的地震记录来比较。由残差剖面（图 3.38）可以看出，AVAF

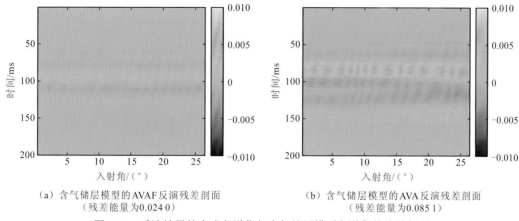

(a) 含气储层模型的 AVAF 反演残差剖面
　　（残差能量为 0.024 0）

(b) 含气储层模型的 AVA 反演残差剖面
　　（残差能量为 0.085 1）

图 3.38　反演结果的合成角道集与含气储层模型角道集的残差剖面

反演对应的残差能量为 0.024 0，小于 AVA 反演的残差能量。这表明 AVAF 反演能较为准确地反映出原始地震数据中的频散信息。但由于全局优化算法本身的随机性，一次反演得到的结果可能具有一定的不确定性，为了能更合理地解释反演结果，需要对数据多次反演并进行统计性的分析。

　　考虑到反演过程的随机性，对模型得到的无噪地震数据采用了多次随机反演，并进行统计性分析，反演结果如图 3.39 所示。可以看到传统的 AVA 反演方法由于忽略了地震记录中客观存在的速度频散信息，导致模型参数的多次反演结果非常不稳定，波动较大；与传统的 AVA 反演方法相比，AVAF 的多次反演结果虽然也存在着波动，但是波动幅度更小，尤其是纵波速度和储层厚度的反演结果，其多次反演结果的均值都非常接近于真实模型的参数，反演问题的不稳定性有所削弱；且观察算法的收敛曲线可以发现，对于传统的 AVA 反演方法，其收敛曲线早早地就停止了下降，这是因为它忽略了地震数据中客观存在的频散现象，导致目标函数无法再进行优化；而 AVAF 反演方法能使得目标函数的取值更小，比 AVA 反演降低了两个数量级，即 AVAF 反演得到的模型参数经过正演以后的地震记录与真实的地震记录有更好的匹配。但同时也可以注意到，即使是考虑到地震数据中频散信息的 AVAF 反演，由于介质密度和横波速度对于每层介质来说差异不大，多次反演的结果波动仍然较大，且多次反演结果的均值也与模型参数的真实取值有一定偏差。但幸运的是，由岩石物理理论和试验可知，地层含油气并不会对横波速度有太大影响，横波在地震勘探频带内基本不会发生频散，仅仅只是改变横波速度的大小。另外，地层含油气对密度的影响十分小，尤其是对于致密岩石，如致密砂岩和碳酸盐岩等，密度的改变几乎不能被注意到。反观储层纵波速度的多次反演结果，可以看到，除了纵波速度大小的波动有所减弱，多次结果的频散趋势也近乎一致，即 AVAF 反演能够较好地刻画纵波速度的频散规律，而储层的含油气性会对纵波速度的频散规律产生不可忽视的影响，尤其是部分含气的情况。因此纵波速度的频散趋势是一个能用来检测油气的稳定属性，接下来将重点考虑与岩石中流体性质密切相关的纵波速度频散规律。

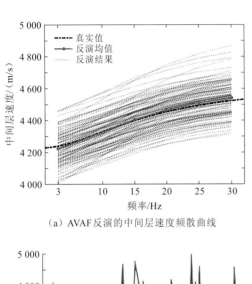

（a）AVAF反演的中间层速度频散曲线

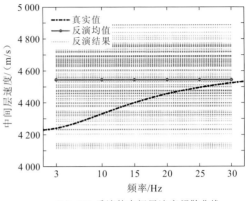
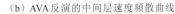

（b）AVA反演的中间层速度频散曲线

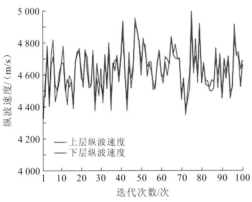

（c）AVAF反演的上下层纵波速度

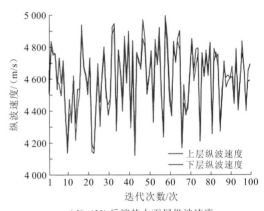
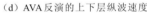

（d）AVA反演的上下层纵波速度

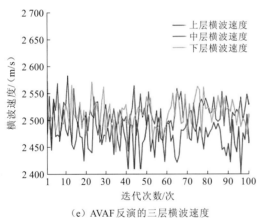

（e）AVAF反演的三层横波速度

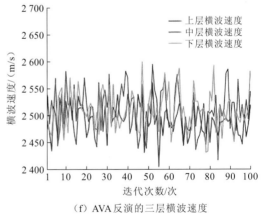

（f）AVA反演的三层横波速度

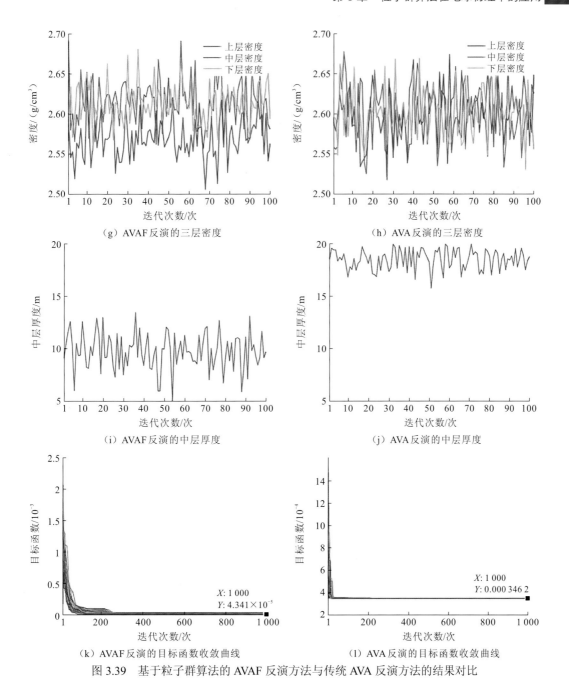

图 3.39   基于粒子群算法的 AVAF 反演方法与传统 AVA 反演方法的结果对比

3. 添加岩石物理约束的粒子群算法叠前 AVAF 反演

由上一小节中的结果不难发现，叠前 AVAF 反演相对传统的 AVA 反演方法，考虑到了纵波速度随频率的变化，大大增加了反演参数的个数，使得反演问题具有更强的非线性特征及复杂性，即使是用全局优化算法来求解目标函数的全局最小值，仍然具有很强的不适定性，大量的局部极值均能使目标函数很小。而为了进一步减小反演问题的不适定性，对储层频散纵波速度的更新添加了约束。根据前人对岩石物理的试验和理论研究，可以得到 4 点认识：①当岩石中含有油气时，根据波致流理论，地震波穿过此类岩石会使其中的流体产生介观尺度的流动，从而造成地震波能量的衰减和速度的频散；②主要是纵波速度发生频散，而横波速度频散很弱；③纵波速度的频散是有规律的，速度随着频率的升高而增加；④由于地下的岩石大多处于高温高压的环境下，岩石一般比较致密，孔渗性较差，速度的频散现象并不是太明显。

将③和④作为约束加入反演过程中，约束形式为

$$\begin{cases} V_{\mathrm{P}}^{f_1} \leqslant V_{\mathrm{P}}^{f_2} \leqslant \cdots \leqslant V_{\mathrm{P}}^{f_L} \\ V_{\mathrm{P}}^{f_{j+1}} - V_{\mathrm{P}}^{f_j} \leqslant \delta, \ j=1,2,\cdots,L-1 \end{cases} \tag{3.81}$$

式中：δ 为一个常数阈值，用于限制纵波速度的频散强度，不让纵波速度的变化太大，可以根据岩石物理试验或经验来粗略给出。利用粒子群算法来求解在式（3.81）约束下能使目标函数式（3.79）达到全局最小值的参数组合，这就构成了加入岩石物理约束的粒子群算法叠前 AVAF 反演。

具体的反演流程如下。

（1）固定算法的最大迭代次数 MaxDT、目标函数 $J(\boldsymbol{m})$ 的容差 ε、限制频散强度的常数阈值 δ、初始化初始惯性权重 $\omega(0)$、惯性权重的衰减率 d_c 及学习因子 c_1 和 c_2。

（2）根据测井数据、岩石物理试验和先验的工区地质认识，按约束条件式（3.81）初始化粒子群中所有粒子的位置。

（3）利用目标函数 $J(\boldsymbol{m})$ 评估初始粒子群中粒子的质量，选出 P_{gi}^k 和 G_g^k。

（4）对于第 k 次迭代，根据算法的更新公式（3.80）来更新粒子的位置，并检查每个粒子是否满足式（3.81）的约束条件，如果不满足，则对粒子进行排序和随机扰动，直到满足约束条件。

（5）将第 k 次迭代得到的粒子代入目标函数，得到 P_{gi}^k 和 G_g^k。

（6）如果 $J(G_g^k) > \varepsilon$ 或者 $k < $ MaxDT，则转至步骤（4），否则进入步骤（7）。

（7）输出最优粒子。

由图 3.40 可以看出，在地震数据无噪的情况下，无论是否对反演过程加入岩石物理约束，基于粒子群算法的 AVAF 反演均能够对速度频散规律进行一个较为准确的刻画，每条速度频散曲线的频散趋势几乎一致。但是加入岩石物理约束之后，多次试验结果的速度波动减弱，速度更加集中地分布在真实速度频散曲线的两侧，反演的不适定性有所减弱。除此之外，还可以看到，加入岩石物理约束后，速度频散的趋势更加稳定，多次反演结果的速度频散曲线更加趋向于平行。

4. 具有统计特征的流体指示因子

由本节前文可知，对于含有速度频散信息的地震数据，使用考虑速度频散的 AVAF 反演方法，相比传统的 AVA 反演方法，反演结果的不适定性更弱；而加入岩石物理约束后，相比未加约束的情况，不适定性进一步减弱。同时发现，即使是加入岩石物理约束

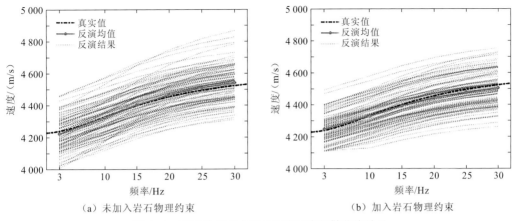

图 3.40　不同条件下 AVAF 反演速度频散曲线结果

的 AVAF 反演，反演结果仍然具有较强的不适定性，各反演参数具有较强波动，包括与储层含气性密切相关的频散的纵波速度。

从多次试验的反演结果来看，纵波速度的频散规律一致性较好，比较稳定。而由岩石物理的理论可知，含气饱和度不同，纵波速度的频散规律也不同，部分含气的情况下，纵波速度频散曲线较陡，频散较强，而饱含气和饱含水的情况下频散较弱。因此，可以充分利用纵波速度频散属性来解释储层的含气性，基于多次随机反演提出两个统计性的速度频散属性：平均速度频散曲线和频散强度属性。

平均速度频散曲线是多次反演结果除去异常值后的平均结果，在搜索空间选取合适的情况下，平均速度频散曲线十分接近于真实的频散曲线，因此可以作为一个评估储层含气性的宏观参考。

从之前的多次试验可以看到，纵波速度的频散规律有较好的一致性，但并没有衡量这种一致性的定量指标，因此定义频散强度属性来刻画每次反演结果的纵波速度频散大小，通过分析多次试验的频散强度属性，就可以定量描述多次结果频散规律的一致性，这里定义给定频带的频散强度表示为

$$I_f = V_P(f_{\text{highest}}) - V_P(f_{\text{lowest}}) \tag{3.82}$$

式中：f_{lowest} 和 f_{highest} 分别为该频带的最低和最高频率，由前人的岩石物理研究可知，纵波速度随频率是递增的（至少单调不减）。当频散强度 $I_f>0$ 时，近似认为速度随频率递增，而频散强度 $I_f<0$ 时，纵波速度的频散一定不满足岩石物理规律，将其视为一个异常结果。

事实上，频散强度 I_f 是对频散纵波速度向量 $V_P = [V_P^{f_1}, V_P^{f_2}, \cdots, V_P^{f_L}]$ 进行前向差分后求和得到的。在对差分向量进行求和之前，向量中的每个元素都反映相邻频点的速度随频率的变化幅度，而对差分向量中的元素求和后，就仅能反映出纵波速度从频率 f_{lowest} 到频率 f_{highest} 的变化幅度。因此，当频带 $[f_{\text{lowest}}, f_{\text{highest}}]$ 较窄时，能在一定程度上反映速度随频率的变化特征，但是频带过宽会削弱一些频散的细节。根据之前的岩石物理分析，反演选择的频带正是频散信息丰富的频带，因此直接在反演频带内求取频散强度属性。

图 3.41 是对图 3.40 的进一步说明,利用速度频散强度属性来定量描述多次反演结果速度频散规律的一致性。从图 3.41 可以看到,未对反演过程加入岩石物理约束时,速度频散强度分布在一个较宽的范围内,为 200~550m/s;而加入岩石物理约束以后,速度频散强度更加集中,分布在真实值 284m/s 的附近。这表明加入岩石物理约束后,不仅使得速度大小的波动减弱,还能够使得速度频散趋势更加稳定,更加集中分布于真实频散规律附近。

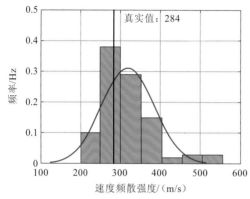 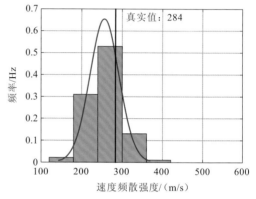

（a）未加入岩石物理约束的速度频散强度分布　　　（b）加入岩石物理约束的速度频散强度分布

图 3.41　未加入岩石物理约束与加入岩石物理约束的 AVAF 反演速度频散强度结果对比

3.3.5　地质模型与实际数据测试

1. 地质模型测试

前面的分析是在一个角道集上进行,下面对一个地质模型进行试验。模型模拟的地质体是河道及朵叶体,平面图如图 3.42 所示,红色部分是地质体所在的区域,垂向上地质体都是厚度相等的砂体,为储层;蓝色部分没有地质体,垂向上仅有页岩,没有任何其他反射,弹性参数情况如图 3.43 所示;固定储层的孔隙度和渗透率,北西方向的朵叶体含气饱和度为 90%,南东方向的朵叶体含气饱和度为 5%,南西方向为物源方向,随着河流的走向,河道储层的含气饱和度按 70%、50%、30%、10% 逐渐降低。

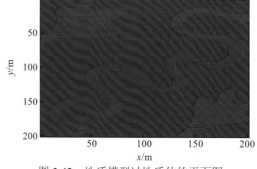

图 3.42　地质模型过地质体的平面图

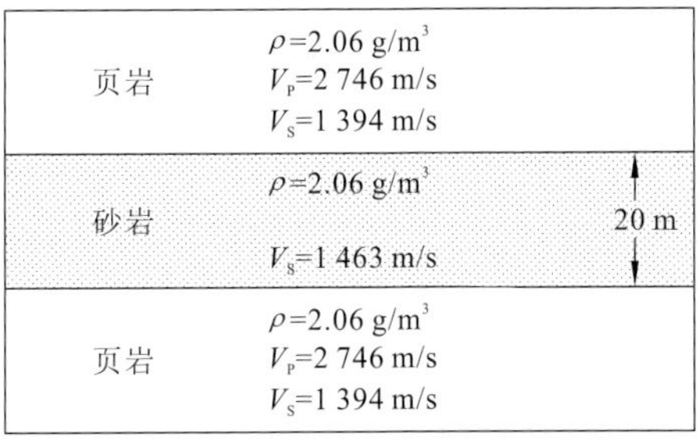

页岩
ρ=2.06 g/m³
V_P=2 746 m/s
V_S=1 394 m/s
砂岩
ρ=2.06 g/m³
V_S=1 463 m/s
20 m
页岩
ρ=2.06 g/m³
V_P=2 746 m/s
V_S=1 394 m/s

图 3.43　地质模型地质体所在位置的三层模型

利用基于粒子群算法的 AVAF 反演方法，对平面上每一个共中心点对应的角道集进行 20 次反演，取平均的频散强度作为该位置处的频散强度值，得到频散强度平面，如图 3.44 所示。可以看到，频散强度的分布能够反映出地质体的分布规律，对于含气饱和度很高和很低的部分（90%、70%、5%），频散强度较弱，而含气饱和度中等的部分，频散强度较强，尤其是含气饱和度为 30%的时候，频散强度达到最大，与岩石物理的规律相符。

90%
10%
30%
50%
70%
5%
y/m
x/m
速度频散强度/(m/s)
20
40
60
80
100
120
140
160
180
200
50
100
150
200
150
100
50
0

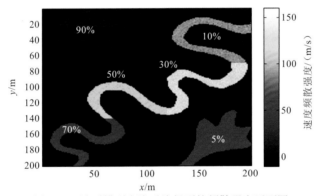

图 3.44　地质模型多次反演得到的频散强度平面图

2. 实际数据测试

测试用的实际数据来自国内某致密砂岩油气藏，实际数据测试与数值试验略有不同，由于只有实际的地震数据，并不知道这个地震数据由什么样的地震子波产生，相比数值试验要多一步从实际数据中提取统计子波的过程，并用估计的子波反演。而考虑到入射角度相差不大时，地震道的地震子波差异甚微，按照角道集的角度范围，将地震数据分为低、中、高三个角度段，分别从三个角度段的角道集中提取低角度、中角度和高角度的地震子波。

之后的反演过程与数值试验类似，只是先按照不同角度范围划分角道集，利用傅里叶变换得到每个角道集的频谱，然后除以对应角度段的地震子波频谱来得到低、中、高三个角度段的频变反射系数，将它们合并后得到整个实际地震角道集的频变反射系数谱。在粒子群算法的每一次迭代中，利用当前得到的模型参数，根据传播矩阵方程来计算频变反射系数去匹配实际地震角道集的频变反射系数，直到反演目标函数小于阈值，以工区内三口井（w1、w2 和 w3）为例，测试评价反演方法。图 3.45 是用于反演的不同井的角道集数据（经过汉明窗处理），对应的地层为工区主力层，可以看到，实际数据并不像数值试验，用于反演的角道集，其波形和 AVA 特征要更加复杂。

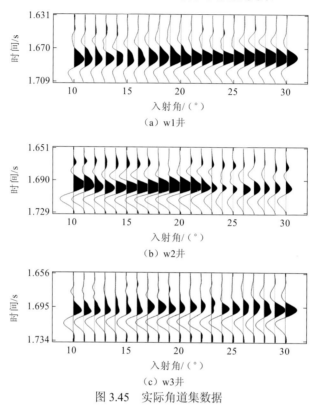

图 3.45　实际角道集数据

由工区的试气结果可知，w1、w2、w3 三口井的无阻流量依次递增，w3 井的产气量远远高于另外的两口井。根据岩石物理理论，储层部分含气时，速度频散现象最为明显，频散强度最大，而含气量过高或者过低，频散强度均会减弱，这里认为 w1 井和 w2 井均为部分含气的情况，w3 井为饱含气的情况。对图 3.45 中的角道集数据分别进行 50 次随机反演，得到的平均速度频散曲线和频散强度分布如图 3.46 所示。从图 3.46（a）、（c）、（e）的平均速度频散曲线可知，w1 和 w2 两口井的速度频散现象较强，3～30Hz 变化了 100m/s以上；由图 3.46（b）、（d）的速度频散强度分布也可以看到，这两口井大部分的反演结果均存在明显的速度频散现象，频散强度都为正值，这就说明了 w1 和 w2 两口井中的储层段有很大的可能性处于一个部分含气的状态，是典型的产气层；同样地，对 w3 井的平均速度频散曲线和频散强度分布进行分析，由图 3.46（e）可知，w3 井的平均速度频散曲线十分平坦，几乎没有频散现象，再观察图 3.46（f），多次反演结果的频散强度分布也集中在 0 附近，根据速度频散随含气饱和度变化的规律，w3 井的含气性还有待进一步分析，可能高产气，也可能是不能产出工业气流的非气层。

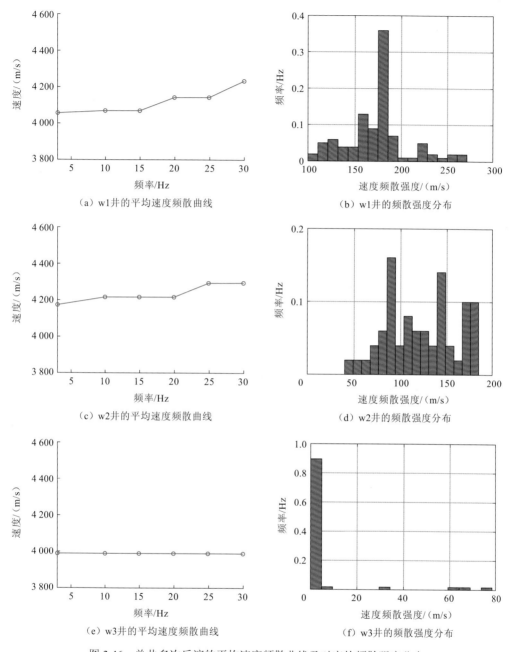

图 3.46　单井多次反演的平均速度频散曲线及对应的频散强度分布

　　对三口井储层段多次反演结果的分析可以发现，反演结果都与实际试气结果相符合，w1 井和 w2 井产气，但是无阻流量并不是非常大，产量远低于 w3 井；而 w3 井的速度频散现象很弱，可能高产气也可能是非气层，但经过试气结果验证，w3 井确实是属于高产气井。

3.4 算法收敛性与不确定性分析

3.4.1 算法收敛性分析

曾琴琴[59]较为全面系统地总结、分析了粒子群算法的收敛性。设函数 $u_n(x)(n=1,2,3,\cdots)$ 为定义在实数集 $\mathbf{R}$ 上的函数，若存在点 $(x_0 \in \mathbf{R})$ ，有

$$\lim_{n\to\infty} u_n(x_0) \to c \qquad (3.83)$$

式中：c 为常数，且 $c \in \mathbf{R}$ ，则称函数在 x_0 点收敛，否则在 x_0 点发散。函数 $u_n(x)$ 在实数集 $\mathbf{R}$ 上的任意点 x 上收敛的充要条件是，对任意 $\varepsilon > 0$ ，有

$$\left| u_{n+p}(x) - u_n(x) \right| < \varepsilon \qquad (3.84)$$

式中：p 为任意正整数。以下为粒子群算法的收敛性条件推导[124, 145-146]。

设 $\phi_1 = c_1 r_1$ ，$\phi_2 = c_2 r_2$ ，$\phi = \phi_1 + \phi_2$ 。在迭代过程中，由第 2 章可知，式（2.6）和式（2.7）中的迭代公式可以转化为以下递归公式，即

$$v_i(t+1) = \omega v_i(t) + \phi_1 P_g + \phi_2 G_g - \phi x_i(t)$$
$$x_i(t+1) = x_i(t) + v_i(t+1) \qquad (3.85)$$
$$= (1-\phi) x_i(t) + \omega v_i(t) + \phi_1 P_g + \phi_2 G_g$$

由 $v_i(t) = x_i(t) - x_i(t-1)$ ，得到粒子位置递归更新公式：

$$x_i(t+1) = x_i(t) + \omega[x_i(t) - x_i(t-1)] + \phi_1[P_g - x_i(t)] + \phi_2[G_g - x_i(t)]$$
$$= (1+\omega-\phi) x_i(t) - \omega x_i(t-1) + \phi_1 P_g + \phi_2 G_g \qquad (3.86)$$

同理，速度的更新公式为

$$v_i(t+2) = (1+\omega-\phi) v_i(t+1) - \omega v_i(t) \qquad (3.87)$$

以粒子位置为变量，设式（2.6）和式（2.7）具有下列关系：

$$x_i(t) - \lambda x_i(t-1) = k[x_i(t-1) - \lambda x_i(t-2)] + p \qquad (3.88)$$

设式（3.87）的两个特征根为 k 和 λ ，则有

$$\begin{cases} k+\lambda = 1+\omega-\phi \\ k\lambda = \omega \\ p = \phi_1 P_g + \phi_2 G_g \end{cases} \Rightarrow \begin{cases} k^2 - (1+\omega-\phi)k + \omega = 0 \\ \lambda = \dfrac{\omega}{k} \\ p = \phi_1 P_g + \phi_2 G_g \end{cases} \qquad (3.89)$$

或

$$\begin{cases} k+\lambda = 1+\omega-\phi \\ k\lambda = \omega \\ p = \phi_1 P_g + \phi_2 G_g \end{cases} \Rightarrow \begin{cases} \lambda^2 - (1+\omega-\phi)\lambda + \omega = 0 \\ k = \dfrac{\omega}{\lambda} \\ p = \phi_1 P_g + \phi_2 G_g \end{cases} \qquad (3.90)$$

则

$$x_i(t+1) - \lambda x_i(t) = k[x_i(t) - \lambda x_i(t-1)] + p \qquad (3.91)$$

$$x_i(t+1) - \lambda x_i(t) = k\{k[x_i(t-1) - \lambda x_i(t-2)] + p\} + p$$
$$= k^2[x_i(t-1) - \lambda x_i(t-2)] + p + kp$$
$$\cdots\cdots \tag{3.92}$$
$$= k^t[x_i(1) - \lambda x_i(0)] + p\frac{1-k^t}{1-k}$$

解关于 k 和 λ 的方程组，令 $\Delta = (1+\omega-\phi)^2 - 4\omega$。

（1）当 $\Delta > 0$ 时，即 $\phi < 1+\omega-2\sqrt{\omega}$ 或 $\phi > 1+\omega+2\sqrt{\omega}$，由于 $\phi > 0$，有 $\phi > 1+\omega+2\sqrt{\omega}$ 或 $0 < \phi < 1+\omega-2\sqrt{\omega}$。

方程的两个不等的实根可表示为

$$\begin{cases} \lambda = \dfrac{1+\omega-\phi \pm \sqrt{(1+\omega-\phi)^2 - 4\omega}}{2} \\ k = \dfrac{1+\omega-\phi \mp \sqrt{(1+\omega-\phi)^2 - 4\omega}}{2} \end{cases} \tag{3.93}$$

由式（3.93）可知，k 与 λ 关于原点对称，因此，递推式（3.88）可改写为

$$x_i(t+1) - \lambda x_i(t) = k^t[x_i(1) - \lambda x_i(0)] + \frac{1-k^t}{1-k}p$$

且：

$$x_i(t+1) - k x_i(t) = \lambda^t[x_i(1) - k x_i(0)] + \frac{1-\lambda^t}{1-\lambda}p \tag{3.94}$$

因此，要使 $t \to \infty$ 时式（3.94）收敛，则有 $\|k\| < 1$ 且 $\|\lambda\| < 1$，则有

$$-1 < k\lambda = \omega < 1 \tag{3.95}$$

当 $-1 < \omega < 1$ 时，对应 ϕ 取值为 $\|\lambda\| < 1$，因此，算法收敛条件为

$$\begin{cases} -1 < \omega < 1 \\ 0 < \phi < 1+\omega-2\sqrt{\omega} \quad \text{或} \quad 1+\omega+2\sqrt{\omega} < \phi < 4 \end{cases} \tag{3.96}$$

（2）当 $\Delta = (1+\omega-\phi)^2 - 4\omega = 0$ 时，即

$$\begin{cases} \phi = 1+\omega-2\sqrt{\omega}, \quad \phi < 1+\omega \\ \phi = 1+\omega+2\sqrt{\omega}, \quad \phi > 1+\omega \end{cases} \tag{3.97}$$

则解式（3.91）得

$$k = \lambda = \frac{1+\omega-\phi}{2} = \pm\sqrt{\omega} \tag{3.98}$$

当 $k = \lambda = \sqrt{\omega} < 1$ 时，则系统稳定；当 $k = \lambda = \sqrt{\omega} = 1$ 时，代入递推公式，有

$$x_i(2) - x_i(1) = x_i(1) - x_i(0) + p$$
$$x_i(3) - x_i(2) = x_i(2) - x_i(1) + p = x_i(1) - x_i(0) + 2p$$
$$\cdots\cdots \tag{3.99}$$
$$x_i(t) - x_i(t-1) = x_i(1) - x_i(0) + (t-1)p$$

将式（3.96）中各项相加，则有

$$x_i(t) - x_i(1) = (t-1)[x_i(1) - x_i(0)] + [1 + 2 + \cdots + (t-1)]p$$
$$\Downarrow$$
$$x_i(t) = tx_i(1) - (t-1)x_i(0) + \frac{t(t-1)}{2}p \tag{3.100}$$

t 为迭代次数，当 $t \to \infty$ 时，$x_i(t) \to \infty$，此时系统不稳定。同理，当 $\omega > 1$ 时，系统不稳定。

（3）当 $\Delta = (1 + \omega - \phi)^2 - 4\omega < 0$ 时，即

$$1 + \omega - 2\sqrt{\omega} < \phi < 1 + \omega + 2\sqrt{\omega} \tag{3.101}$$

方程有两个共轭的复数根，即 $k = \dfrac{1 + \omega - \phi \pm \mathrm{i}\sqrt{4\omega - (1 + \omega - \phi)^2}}{2}$。

为了使算法收敛，则 $\|k\| < 1$，由此推出 $\|\omega\| < 1$。

设 ϕ_1, ϕ_2 均匀分布，c_1, c_2 为常数，则 ϕ_1, ϕ_2 的期望值可表示为

$$E(\phi_1) = c_1 \int_0^1 x\mathrm{d}x = \frac{c_1}{2} \tag{3.102}$$

$$E(\phi_2) = c_2 \int_0^1 x\mathrm{d}x = \frac{c_2}{2} \tag{3.103}$$

要使算法收敛，则 $t \to \infty$ 时，$\lim\limits_{t \to \infty} x_i(t) = \lim\limits_{t \to \infty} x_i(t-1) = q$，代入式（3.83），得

$$q = \frac{p}{(1-k)(1-\lambda)} \tag{3.104}$$

由于 $k\lambda = \omega$，$k + \lambda = 1 + \omega - \phi$，代入式（3.104）得

$$q = \frac{p}{\phi} = \frac{\phi_1 P_g + \phi_2 G_g}{\phi_1 + \phi_2} \tag{3.105}$$

将期望值 $E(\phi_1)$，$E(\phi_2)$ 代入，有

$$q = \frac{\dfrac{c_1}{2}P_g + \dfrac{c_2}{2}G_g}{c_1 + c_2} = \frac{c_1 P_g + c_2 G_g}{c_1 + c_2} \tag{3.106}$$

即粒子收敛于 P_g 与 G_g 加权平均值，若 $c_1 = c_2$，则粒子收敛于 $q = \dfrac{P_g + G_g}{2}$。

对于任意 c_1，c_2，粒子收敛值可表示为

$$q = \frac{c_1 P_g + c_2 G_g}{c_1 + c_2} = \left(1 - \frac{c_2}{c_1 + c_2}\right)P_g + \frac{c_2}{c_1 + c_2}G_g = (1-a)P_g + aG_g \tag{3.107}$$

式中：$a = \dfrac{c_2}{c_1 + c_2}$，$a \in [0,1]$，单个粒子收敛于全局最优的条件简化为

$$\begin{cases} \omega < 1 \\ \phi > 0 \\ 2\omega - \phi + 2 > 0 \end{cases} \tag{3.108}$$

综合以上分析，最终把 ω，ϕ 取值分为 6 个部分，如图 3.47 所示。

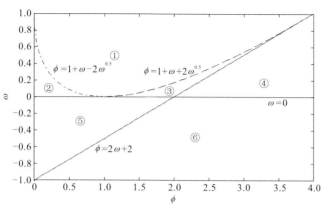

图 3.47　粒子群算法参数 ω，ϕ 取值分区示意图[59]

为了更加直观地了解算法参数对粒子运动轨迹的影响，选取以上 6 个不同区间内的 ω，ϕ 参数组合，并设 $x(1)=1$，$x(2)=2$，$P_g=4$，$G_g=7$，各种情况下系统的运动状态及轨迹如下。

（1）当 $\omega=0.5$，$\phi_1=\phi_2=1.25$，(ω,ϕ) 在区块①时，将参数代入式（3.92），粒子位置与速度变化特征如图 3.48 所示。在迭代初期，系统位置与速度均存在强烈的振荡，但振幅会逐渐减小，迭代至 15 次左右时，系统位置与速度达到稳定，其位置收敛于 5.5，速度收敛于 0。

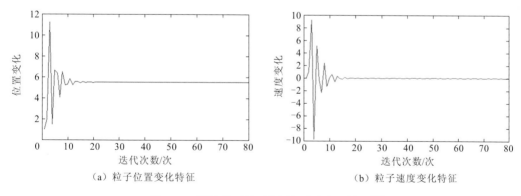

（a）粒子位置变化特征　　　　　　　　　（b）粒子速度变化特征

图 3.48　区块①时粒子位置与速度变化特征[59]

（2）当 $\omega=0.2$，$\phi_1=\phi_2=0.1$，(ω,ϕ) 在区块②时，将参数代入式（3.92），粒子位置与速度变化特征如图 3.49 所示。系统迭代至 20 次左右，位置与速度达到稳定，分别收敛于 5.5 和 0，且位置与速度的变化较为连续、光滑。

（3）当 $\omega=0.1$，$\phi_1=\phi_2=1$，(ω,ϕ) 在区块③时，将参数代入式（3.92），粒子位置与速度变化特征如图 3.50 所示。此时粒子位置与速度变化特征与区块①时相似，但振荡形式为以收敛位置 5.5 和速度 0 为中心的对称式振荡，振幅逐渐减弱，迭代至 20 次左右时，系统位置与速度均收敛于对称中心。

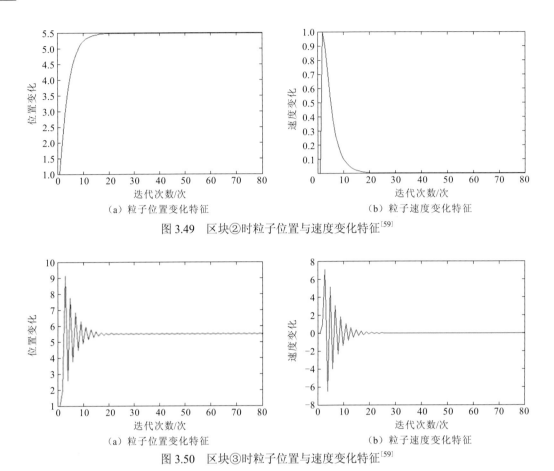

（a）粒子位置变化特征　　　　　　　　　（b）粒子速度变化特征

图 3.49　区块②时粒子位置与速度变化特征[59]

（a）粒子位置变化特征　　　　　　　　　（b）粒子速度变化特征

图 3.50　区块③时粒子位置与速度变化特征[59]

（4）当 $\omega=0.8$，$\phi_1=\phi_2=1.8$，(ω,ϕ) 在区块④，将参数代入式（3.92），粒子位置与速度变化特征如图 3.51 所示。此时粒子位置与速度始终呈周期性振荡，且振幅逐渐增强，迭代至 20 次左右时，振幅不再变化，其位置与速度均以零值线为对称中心做上下周期性振动，系统处于发散状态。

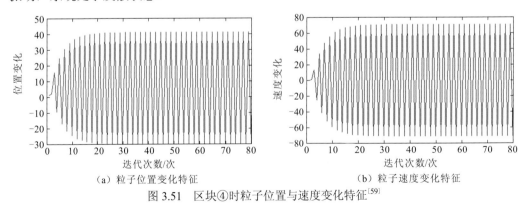

（a）粒子位置变化特征　　　　　　　　　（b）粒子速度变化特征

图 3.51　区块④时粒子位置与速度变化特征[59]

（5）当 $\omega=0.2$，$\phi_1=\phi_2=0.5$，(ω,ϕ) 在区块⑤，将参数代入式（3.92），粒子位置与速度变化特征如图 3.52 所示。粒子速度与位置在初始阶段会有振动，但当迭代到 10 次左右时，系统位置与速度收敛、处于稳定状态，其中，位置收敛于 5.5 处，速度收敛位于 0 值处。

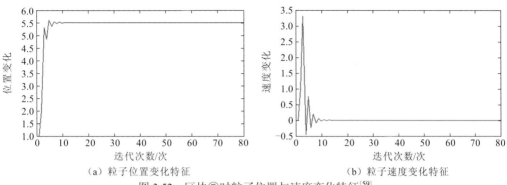

（a）粒子位置变化特征　　　　　　　　（b）粒子速度变化特征

图 3.52　区块⑤时粒子位置与速度变化特征[59]

（6）当 $\omega=-0.5$，$\phi_1=\phi_2=1.8$，(ω,ϕ) 在区块⑥，将参数代入式（3.92），粒子位置与速度变化特征如图 3.53 所示。粒子在前 75 次左右保持静止，之后开始运动，且振幅越来越大，最终粒子位置与速度由迭代次数决定，因此，系统处于发散状态，不稳定。

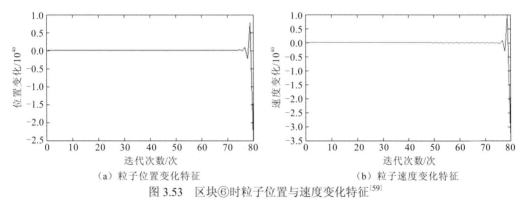

（a）粒子位置变化特征　　　　　　　　（b）粒子速度变化特征

图 3.53　区块⑥时粒子位置与速度变化特征[59]

由以上结果可见，(ω,ϕ) 取值不同，系统运动状态不同，图 3.47 中 6 个取值区间以线段 $\phi=2\omega+2$ 为界，在其上部空间取值时，系统稳定收敛，且位置与速度运动状态达到同步，收敛速度均为 0；在②、③区块取值时算法达到稳定前的迭代次数相同，且多于①、⑤区块内取值时的迭代次数；在直线 $\phi=2\omega+2$ 下部空间内的④、⑥区域内，参数值会使系统不同程度的发散。

3.4.2　不确定性分析

1. 理论模型不确定性分析

由于观测噪声和地球物理反演的非唯一性，不确定性分析是地球物理数据反演的重要步骤。不确定性分析可以在贝叶斯和蒙特卡罗反演框架中进行，因为可以通过后验采样提供解的后验分布。

在此,采用 Fernandez-Martinezt 和 Garcia-Gonzalo[69] 及 Pallero 等[91-92]提出的等效区域的方法进行不确定性分析。在一个比噪声水平大的拟合区间,并在这个拟合区间内保留所有的解。例如,如果观测数据中的噪声水平为 5%,则根据经验可以给出拟合区间的噪声水平为 10%或 15%。采用满足拟合区间的所有反演模型的标准差来评价解的好坏。选择最后一次迭代得到的模型作为最佳模型。使用二维矩形截面棱柱体模型来分别讨论磁数据在无噪声[图 3.54(a)]和均值为 0、标准差为 1000 nT 的高斯噪声下[图 3.55(a)]的不确定度分析。图 3.54 和图 3.55 给出了不同噪声水平下的反演结果和相应的不确定性分析。

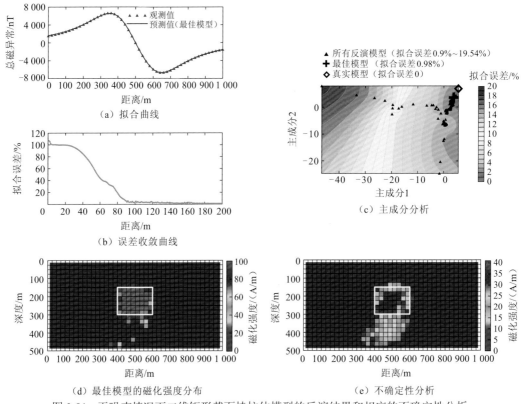

图 3.54　无噪声情况下二维矩形截面棱柱体模型的反演结果和相应的不确定性分析

在无噪声情况下,粒子群算法反演在经过 200 次迭代后稳定收敛[图 3.54(b)]。最后,模型的预测异常与实测数据吻合较好,拟合误差为 0.98%[图 3.54(a)]。图 3.54(c)显示了根据主成分分析[91-92]在 0.9%~19.54%的拟合区域内的两个主要成分空间中的所有反演模型。反演得到的最佳模型和真实模型的拟合较好;然而,由于地球物理反演的非唯一性,它们的位置是不同的。图 3.54(d)为最佳模型的磁化强度分布,与真实模型吻合较好。不确定性分析结果[图 3.54(e)]表明,由于深埋场源的磁响应较弱,反演结果在模型深部和边界区域的可靠性较低。

当磁数据加入均值为 0、标准差为 1000nT 的高斯噪声(相对误差 =23.06%)时,迭代过程也在 200 次迭代内收敛[图 3.55(b)],反演异常与观测到的异常吻合,拟合误

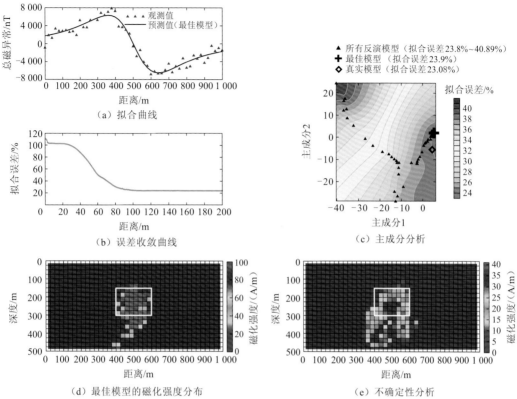

图 3.55　均值为 0、标准差为 1 000 nT 的高斯噪声下矩形模型的反演结果和相应的不确定性分析

差为 23.9%[图 3.55（a）]。在主成分空间中，反演模型与真实模型不同[图 3.55（c）]，观测数据中的噪声使反演结果失真。反演模型与真实模型有差别[图 3.55（d）]；与无噪声数据反演结果相比，反演精度有所下降，特别是对于模型的底部。随着观测数据中噪声强度的增大，反演模型在底部和边界处的不确定性也增大[图 3.55（e）]。

2. 重磁理论模型加噪分析

通过对 3.1 节的 6 种理论模型观测数据添加不同水平的噪声，用粒子群每个粒子的局部最优解适应度的标准差来衡量解的不确定性。在粒子群算法反演过程中，粒子群通过粒子的局部最优解和群体全局最优解相互协调进行下一次迭代更新，粒子之间的随机搜索是相互独立的。由图 3.8 可知，粒子在随机搜索过程中搜索解的适应度的标准差始终维持在一定数值上下波动，并没有随着迭代搜索的进行而相应减小，说明粒子个体的行为是独立的。因此，可以通过每个粒子的局部最优解适应度的标准差来衡量解的不确定性。当标准差较大时，说明粒子间相似性弱，解的不确定性强；当标准差较小时，说明粒子间相似性强，解的不确定性弱[90-91]。

此外，由于粒子群算法反演所有粒子的初始模型给定为零值，在迭代搜索前期，粒子的局部最优解理论上是从零值开始逐渐增大，随着迭代搜索的进行，粒子逐步向全局最优解靠近，粒子的局部最优解适应度的标准差逐渐减小。因此，粒子的局部最优解适应度的标准差理论上是一个先增加后减小的过程。前面已经对直立板状体模型的含噪声数据反演进行了分析[图 3.15（d）和（g）]，因此本小节主要针对其余 5 种模型进行不确定性分析，分别对不同模型的理论数据添加标准差为 300nT（5%）和 600nT（10%）水平的高斯噪声（图 3.56），通过 500 次迭代搜索，用反演过程中粒子的局部最优解适应度的标准差来衡量解的不确定性。

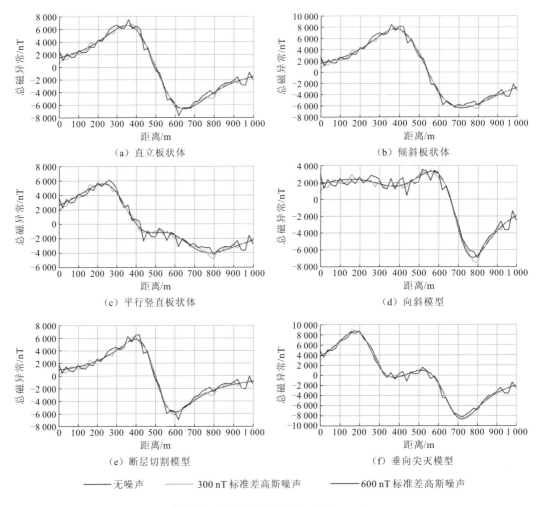

图 3.56　不同噪声水平的磁测理论数据

　　图 3.57～图 3.61 分别为倾斜板状体、平行竖直板状体、向斜模型、断层切割模型、垂向尖灭模型在噪声水平为 300nT 和 600nT 时的磁测数据粒子群算法反演结果。图 3.57～图 3.61 中（a）、（c）分别为噪声水平为 300nT 时的全局最优解收敛曲线图和反演磁化强度分布图；图 3.57～图 3.61 中（b）、（d）分别为噪声水平为 600nT 时的全局最优解收敛曲线图和反演磁化强度分布图。

　　首先，对于这 5 种模型，在迭代 100 次耗时约 140s 后，全局最优解都实现稳定收敛[图 3.57～图 3.61 中（a）、（b）图中红色收敛曲线]，粒子的全局最优解适应度稳定下

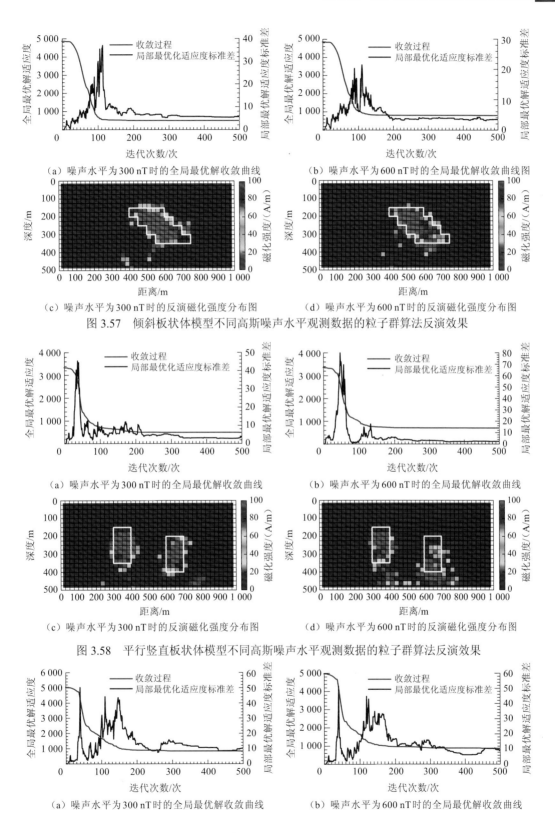

（a）噪声水平为 300 nT 时的全局最优解收敛曲线

（b）噪声水平为 600 nT 时的全局最优解收敛曲线图

（c）噪声水平为 300 nT 时的反演磁化强度分布图

（d）噪声水平为 600 nT 时的反演磁化强度分布图

图 3.57 倾斜板状体模型不同高斯噪声水平观测数据的粒子群算法反演效果

（a）噪声水平为 300 nT 时的全局最优解收敛曲线

（b）噪声水平为 600 nT 时的全局最优解收敛曲线

（c）噪声水平为 300 nT 时的反演磁化强度分布图

（d）噪声水平为 600 nT 时的反演磁化强度分布图

图 3.58 平行竖直板状体模型不同高斯噪声水平观测数据的粒子群算法反演效果

（a）噪声水平为 300 nT 时的全局最优解收敛曲线

（b）噪声水平为 600 nT 时的全局最优解收敛曲线

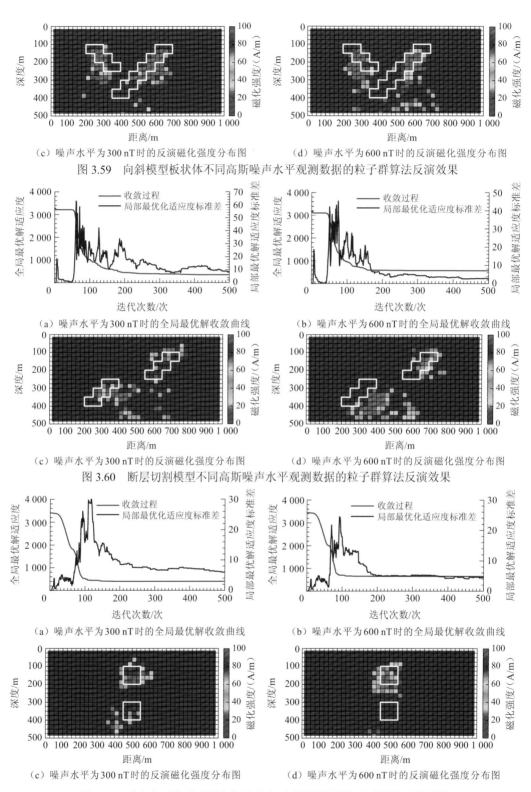

（c）噪声水平为 300 nT 时的反演磁化强度分布图　　　（d）噪声水平为 600 nT 时的反演磁化强度分布图

图 3.59　向斜模型板状体不同高斯噪声水平观测数据的粒子群算法反演效果

（a）噪声水平为 300 nT 时的全局最优解收敛曲线　　　（b）噪声水平为 600 nT 时的全局最优解收敛曲线

（c）噪声水平为 300 nT 时的反演磁化强度分布图　　　（d）噪声水平为 600 nT 时的反演磁化强度分布图

图 3.60　断层切割模型不同高斯噪声水平观测数据的粒子群算法反演效果

（a）噪声水平为 300 nT 时的全局最优解收敛曲线　　　（b）噪声水平为 600 nT 时的全局最优解收敛曲线

（c）噪声水平为 300 nT 时的反演磁化强度分布图　　　（d）噪声水平为 600 nT 时的反演磁化强度分布图

图 3.61　垂向尖灭模型不同高斯噪声水平观测数据的粒子群算法反演效果

降，证明粒子群算法是一种有效可行的最优化算法。对于 300 nT 和 600 nT 噪声水平的干扰数据，单一倾斜板状体模型反演的磁化强度物性分布都与真实模型吻合[图 3.57（c）和（d）]，其反演过程中粒子局部最优解适应度的标准差最终分别下降为 7.8 和 3.9，说明最终粒子间相似性较大，反演结果不确定性较小。

其次，对于其余 4 种组合模型，与无噪数据反演结果相似，由于地面数据有较低的垂向分辨率和浅部磁性体强磁性异常的压制，粒子群算法很难准确反演组合模型中埋深较大的板状体的位置、形状和大小等信息，但在不同噪声水平下还是能有效分离组合模型中的两个异常体，明显恢复了异常体浅部的磁化强度分布[图 3.58（c）和（d）、图 3.59（c）和（d）、图 3.60（c）和（d）、图 3.61（c）和（d）]，最终算法都实现稳定收敛，局部最优解标准差都下降到较小范围，尤其对噪声水平为 600 nT 的平行竖直板状体反演最后局部最优解标准差下降到 2.1，说明不同粒子的反演结果基本相似，反演解的不确定性很小[图 3.58（b）]。

综上，对于不同噪声水平下的粒子群算法反演，粒子都能在模型空间搜索到一个较好的结果，算法具有较强的鲁棒性。但由于位场数据本身的局限和先验信息的缺乏，对于复杂的组合模型反演效果较差。当噪声标准差水平为 300 nT（约 5%）时，反演结果与无噪数据反演结果类似，都能较好地反映真实模型的物性分布；当噪声标准差水平为 600 nT（约 10%）时，部分复杂模型的深部信息反演不够准确，出现分散的一些异常单元。

3. 地震数据的抗噪性测试

实际的地震数据中不可能无噪，而本书提出的反演方法是基于叠前数据，众所周知，地震数据进行过叠加后可以压制随机噪声，所以叠前数据的信噪比其实是很低的，并且其中还存在着各种干扰波。因此，有必要测试一下反演方法的抗噪性，对比加入岩石物理约束和未加入岩石物理约束的反演结果，以证明岩石物理约束在反演过程中的作用。图 3.62 是按振幅比加入高斯随机噪声 10% 和 30% 的地震记录。可以看到，地震记录上存在大量的随机抖动，数据质量明显降低，尤其是加噪 30% 的情况下。

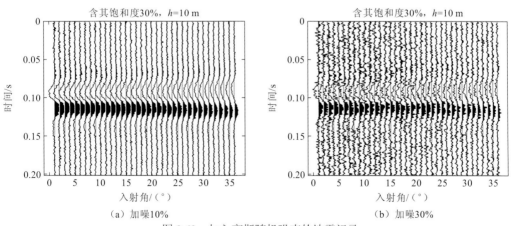

（a）加噪10%　　　　　　　　　　（b）加噪30%

图 3.62　加入高斯随机噪声的地震记录

图 3.63 为反演结果，图 3.64 为分频的速度频散强度波动情况，可以看到当向地震记录中加入噪声之后，速度频散的反演结果受到了明显的影响。针对无噪的地震数据，无论是否对反演加入岩石物理约束，低频段和主频段的频散强度都在真实频散强度附近波动（图 3.64），且频散趋势大体还是符合岩石物理规律；但在反演过程未加入岩石物理约束的情况下，无论是加噪 10%还是加噪 30%，如图 3.63（a）和图 3.63（e）所示，反演结果中速度频散的规律都受到了严重的破坏，各条速度频散曲线的频散趋势比较凌乱、一致性差，尤其是在加噪 30%的情况下，甚至在低频部分还出现了速度随频率增大而减小的异常现象，频散强度小于 0[图 3.64（b）]；同样地，频散强度的分布范围也较宽，达到了大约 600 m/s 的跨度，尤其是加噪 30%的情况下，还出现了大量为负的异常频散强度，这说明对地震数据加噪之后，大大降低了速度频散反演结果的稳定性，对之后利用其进行储层含气性解释带来了极大的风险。而与之相对，对反演过程加入岩石物理约束以后，反演结果的不适定性得到了显著的降低。首先，如图 3.63（c）和图 3.63（g）所示，多次反演的速度频散曲线的一致性基本恢复正常，频散趋势符合岩石物理规律，随频率递增，低频部分的异常频散趋势被压制[图 3.64（b）]，且平均的速度频散曲线与真实频散曲线十分接近，即使是加噪 30%的情况下仍然如此；其次，频散强度的分布范围大大压缩，从未加约束 600 m/s 的分布范围压缩到了 200 m/s 不到的分布范围，且保持真实频散强度就在区间内，这就降低了利用反演得到的速度频散规律来解释储层含气性的风险。但是与无噪地震记录的反演结果相比，速度大小的波动仍然较大，这是噪声带来的影响。

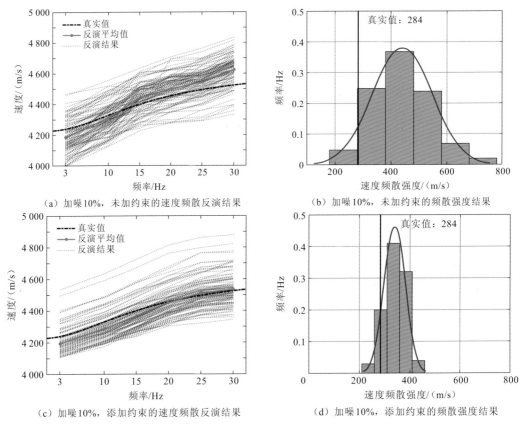

（a）加噪10%，未加约束的速度频散反演结果　　　　（b）加噪10%，未加约束的频散强度结果

（c）加噪10%，添加约束的速度频散反演结果　　　　（d）加噪10%，添加约束的频散强度结果

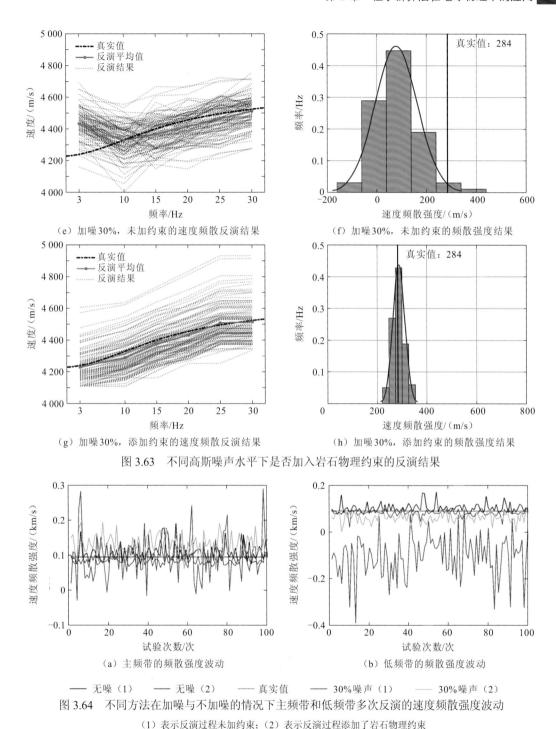

（e）加噪 30%，未加约束的速度频散反演结果　　（f）加噪 30%，未加约束的频散强度结果

（g）加噪 30%，添加约束的速度频散反演结果　　（h）加噪 30%，添加约束的频散强度结果

图 3.63　不同高斯噪声水平下是否加入岩石物理约束的反演结果

（a）主频带的频散强度波动　　（b）低频带的频散强度波动

—— 无噪（1）　—— 无噪（2）　…… 真实值　—— 30%噪声（1）　—— 30%噪声（2）

图 3.64　不同方法在加噪与不加噪的情况下主频带和低频带多次反演的速度频散强度波动

（1）表示反演过程未加约束；（2）表示反演过程添加了岩石物理约束

4. 子波估计不准对反演结果的影响

在数值模型的测试中进行正演和反演时都是使用主频为 20 Hz 的雷克子波。也就是说，用于反演的子波是完全正确的，与产生实际地震记录的子波完全相同。在实际情况

下，要从地震数据中提取子波，而地震数据的子波又是难以准确估计的，因此有必要对子波估计不准对反演结果的影响进行分析，以降低实际在油气预测时的风险。在这里对子波主频和相位不准带来的影响进行分析。

目前用于反演的地震子波都是通过雷克子波的公式计算求得，而且地震数据也是按这个子波合成的。对工区地震数据进行频谱分析后可知地震资料的主频大约在 20 Hz，因此将 20 Hz 的雷克子波作为模型测试的真实子波，这里先考虑子波主频估计不准带来的影响，认为合成地震记录和用于反演的子波都是零相位子波，仅改变反演使用的地震子波主频，不加入岩石物理约束各进行 100 次随机反演，得到的结果如图 3.65 所示。

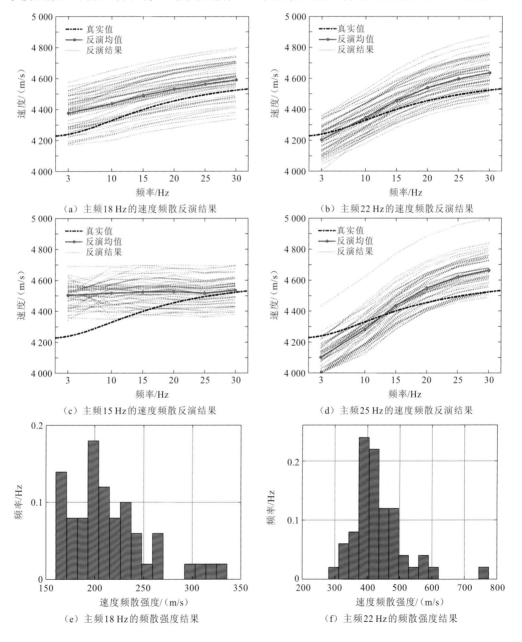

(a) 主频18 Hz的速度频散反演结果

(b) 主频22 Hz的速度频散反演结果

(c) 主频15 Hz的速度频散反演结果

(d) 主频25 Hz的速度频散反演结果

(e) 主频18 Hz的频散强度结果

(f) 主频22 Hz的频散强度结果

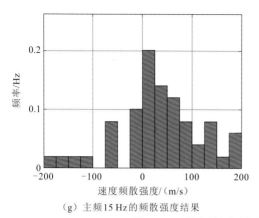
（g）主频 15 Hz 的频散强度结果

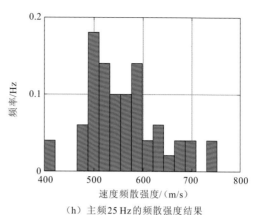
（h）主频 25 Hz 的频散强度结果

图 3.65　不同子波主频对 AVAF 速度频散反演结果

由图 3.65 可知，子波的主频估计不准也会对速度频散的反演结果产生影响。当反演估计的子波主频偏低时，图 3.65（a）和图 3.65（c）的结果表明，反演得到的频散趋势会趋于平坦，本来应该频散现象明显的地震资料，反而得到了弱频散的速度频散曲线，尤其是子波主频的估计偏差较大时，甚至还出现了速度随频率递减的异常频散趋势。当反演估计的子波主频偏高时，图 3.65（b）和 3.65（d）的结果表明，反演得到的速度频散趋势会比实际情况更陡，并且随着主频估计的偏差增大，这个现象越发严重。由于频散曲线的趋势与储层含气性密切相关，因此，子波主频估计不准会对后续反演结果的解释带来影响。如果子波主频估计偏高，会导致本来频散现象显著的储层被解释为弱频散的风险层段（可能是高产气层也可能是非气层），从而增加解释的复杂性。而子波主频偏低时，会将本来弱频散的风险层段解释为频散现象明显的部分饱气层，从而增加勘探的风险。

从实际地震数据中提取的地震子波都是零相位的子波，虽然地震数据在预处理时，为了使地震剖面有更高的分辨率，会进行子波零相位化，但是并不意味着处理过后的数据就完全等同于地震记录由零相位子波产生，地震记录上仍然存在着很多非零相位的特征。此时如果还采用零相位子波去进行反演，实际上子波相位是不准确的，这同样会对反演结果产生影响，所以有必要分析子波相位不准对反演结果的影响。对相同的数值模型采用不同相位的地震子波合成地震记录，然后仍然利用不加入岩石物理约束的 AVAF 反演方法进行多次随机反演，反演使用的子波仍然是零相位的，结果如图 3.66 所示。

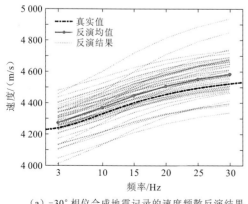
（a）-30° 相位合成地震记录的速度频散反演结果

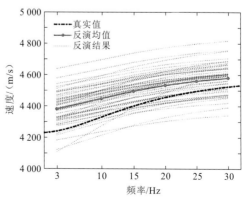
（b）30° 相位合成地震记录的速度频散反演结果

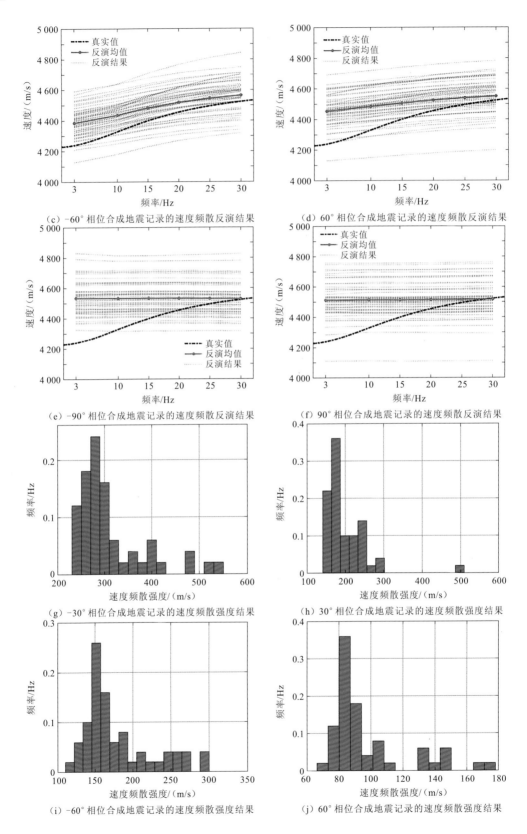

（c）-60°相位合成地震记录的速度频散反演结果

（d）60°相位合成地震记录的速度频散反演结果

（e）-90°相位合成地震记录的速度频散反演结果

（f）90°相位合成地震记录的速度频散反演结果

（g）-30°相位合成地震记录的速度频散强度结果

（h）30°相位合成地震记录的速度频散强度结果

（i）-60°相位合成地震记录的速度频散强度结果

（j）60°相位合成地震记录的速度频散强度结果

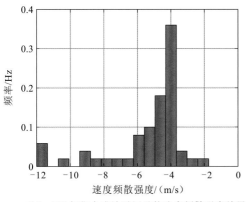
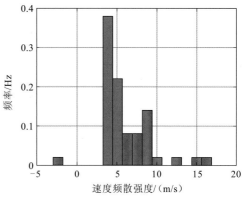

（k）-90°相位合成地震记录的速度频散强度结果　　　　（l）90°相位合成地震记录的速度频散强度结果

图 3.66　不同子波相位对 AVAF 速度频散反演结果的影响

由图 3.66 的结果可以看到，速度频散曲线的反演结果对子波相位估计不准也十分敏感。随着用于反演的地震子波与真实地震子波相位偏差的增大，频散现象越来越弱，尤其是偏差达到 90°时，本来包含明显速度频散信息的地震记录，经过反演得到的速度频散曲线反而几乎没有频散现象，这就直接对利用频散特征来解释储层含气性带来了极大的风险。

5. 储层厚度对反演结果的影响

之前的数值模型测试都基于一个角道集，而储层厚度在空间上是会变化的，考虑到地震勘探的分辨率限制，储层厚度会影响地震记录的波形特征，当储层厚度小于调谐厚度时，地层上下界面的波形发生干涉，形成复波无法分离，所以需要考虑储层厚度变化对反演结果的影响。接下来对不同储层厚度的数值模型分别进行 100 次不加岩石物理约束的随机反演，每种模型在进行多次随机反演的过程中，仅改变储层厚度的搜索空间，使得厚度的真实值在搜索空间内，但搜索空间的大小相同，速度频散曲线的反演结果如图 3.67 所示。

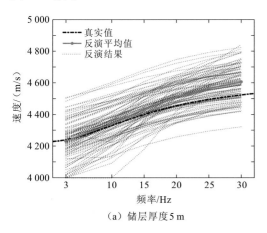
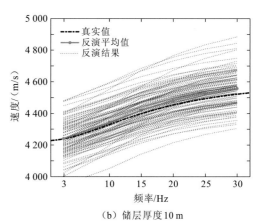

（a）储层厚度 5 m　　　　　　　　　　　　　　（b）储层厚度 10 m

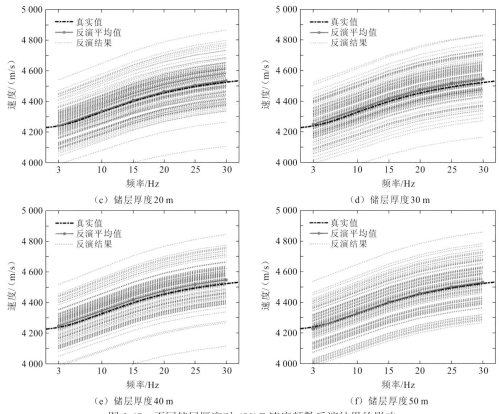

图 3.67　不同储层厚度对 AVAF 速度频散反演结果的影响

可以看到，随着储层厚度的不断增加，速度频散趋势的一致性越来越好。当厚度为 5m 时，多次反演中存在一些速度频散规律异常的结果，频散趋势与真实的速度频散曲线差异很大，并且有部分结果在低频部分还出现了速度随频率递减的现象；增加储层厚度到 10m，速度频散不稳定的现象有所减弱，但仍然存在一些不稳定。由岩心资料可知，工区内目的层大部分属于此厚度级别，储层厚度较薄，因此反演的难度也较大；再增加储层厚度到 20m，速度频散趋势的不稳定性进一步减弱；当储层厚度到了 30m 及以上，每条速度频散曲线已经近乎平行，可以通过速度频散强度的分布图来定量刻画这个现象（图 3.68）。

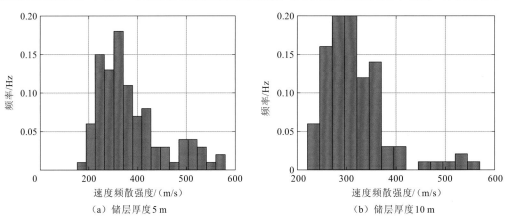

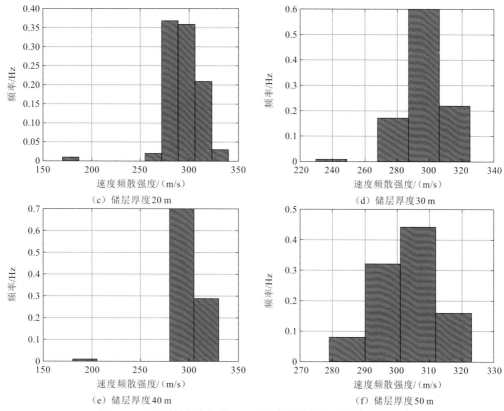

（c）储层厚度 20 m   （d）储层厚度 30 m

（e）储层厚度 40 m   （f）储层厚度 50 m

图 3.68 不同储层厚度对 AVAF 速度频散强度反演结果的影响

由图 3.68 可知，随着储层厚度的增加，速度频散强度的分布越发集中，从 5 m 情况下分布的 200～800 m/s，在 50 m 情况下，只分布在 280～320 m/s 这个狭小的区间里，速度频散强度越来越向真实值聚焦。

由图 3.69 中的反演结果可知，储层厚度基本还是可以较为准确地反演，多次反演结果均在厚度真实值附近小范围波动。但储层厚度较薄时，纵波速度的频散规律有较强的波动，从频散强度的频率分布直方图可以发现，频散强度属性分布范围较大；而随着储层厚度的不断增加，纵波速度的频散趋势越发一致，甚至几乎平行，频散强度的分布越来

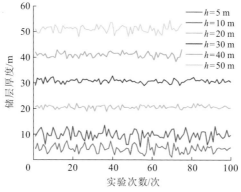

图 3.69 不同储层厚度情况下的厚度多次反演结果

越窄，即反演结果越发稳定，反演问题的不适定性会随着储层厚度的增加而进一步减弱，但储层厚度达到能分辨的极限后再继续增大，反演结果的稳定性就不会有太大改善了。

6. 反演频带对反演结果的影响

此前反演都是在 30 Hz 以下的低频段进行的，现将反演频带向高频部分移动，探索反演方法的高频极限及其影响因素。对三层模型进行 50 次不加入岩石物理约束的随机反演，仍然反演 6 个频点的纵波速度，模型参数见表 3.6，地震子波为 20 Hz 的雷克子波，合成地震数据不加噪，不同反演频带的速度频散反演结果如图 3.70 所示。

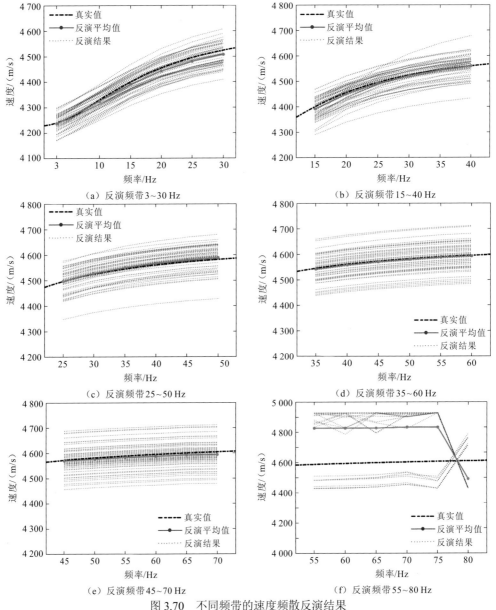

图 3.70　不同频带的速度频散反演结果

　　由图 3.70 的反演结果可知，从 3～70 Hz 进行分频带反演，每次频带约为 25 Hz 的宽度，无论速度频散现象是否明显，反演方法均能够较为准确地反演出速度的频散规律，多次反演的速度频散曲线的频散趋势一致性较好，且与真实频散趋势基本一致，平均速度频散曲线与真实频散曲线十分接近；但反演频带至 70 Hz 以上时，反演结果中的速度频散规律完全消失，反演结果不可用。

　　针对此问题，对反演的目标函数进行了相应的分析，由式（3.79）可知，在反演过程中，存在用观测到的地震数据的频谱除以地震子波频谱的计算，即 $S^{\mathrm{obs}}(f_l,\theta_j)/w(f_l,\theta_j)$，这个过程可能产生误差，导致反射系数的频谱不能正确求取，从而对反演结果造成影响。

　　由图 3.71 可以看到，利用观测到的地震数据，采用目标函数求取反射系数的振幅谱会在高频部分产生非常大的误差，如图 3.71（b）所示，由于高频部分的误差太大，比反射系数原本的值高出 4～5 个数量级，已经看不清原本低频部分求取的较为准确的反射系数谱，这样在进行 AVAF 反演的过程中，高频部分的反射系数很难匹配上，从而导致高频部分速度频散反演的失败。而从图 3.72 的残差剖面也可以看出，在利用地震数据求取反射系数时高频部分的巨大误差，图 3.73 的局部频率放大残差也能够反映这一现象。但

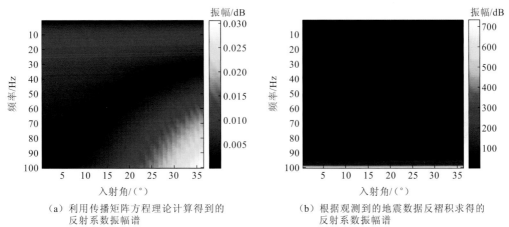

（a）利用传播矩阵方程理论计算得到的反射系数振幅谱　　（b）根据观测到的地震数据反褶积求得的反射系数振幅谱

图 3.71　理论计算的反射系数振幅谱与根据观测到的地震数据反褶积求得的反射系数振幅谱

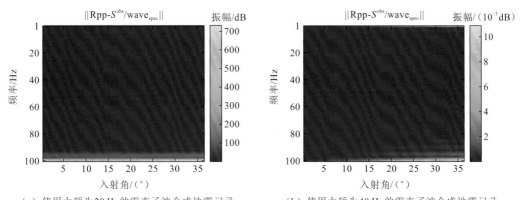

（a）使用主频为 20 Hz 的雷克子波合成地震记录　　（b）使用主频为 40 Hz 的雷克子波合成地震记录

图 3.72　不同主频理论计算的反射系数谱与根据地震数据反褶积求得的反射系数谱残差图

提高地震子波的主频后，尽管也使高频部分误差更大，但误差的大小显著降低，降低到了反射系数的量级。下面用 40 Hz 的雷克子波，相同的地质模型参数合成地震数据，如图 3.74 所示，可以看到地震同相轴明显变细，地震剖面的分辨率有所提高，然后利用该数据在频带 55~80 Hz 进行 AVAF 反演，反演结果如图 3.75 所示，之前使用 20 Hz 雷克子波无法准确反演的高频速度频散，现在有了较为准确的结果。

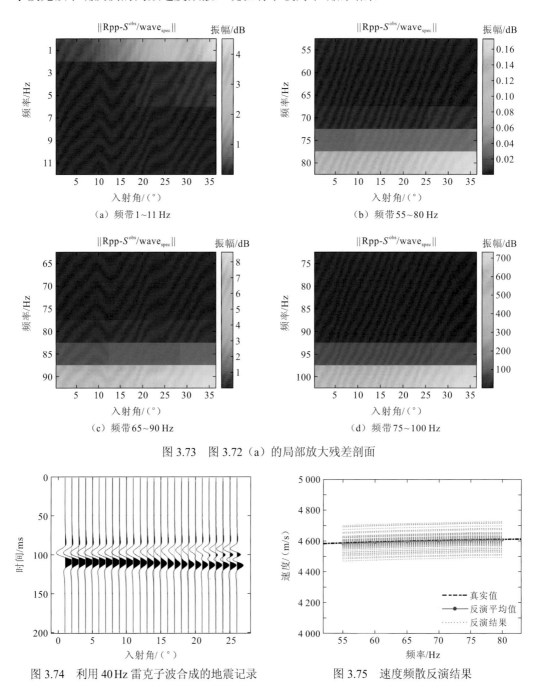

（a）频带 1~11 Hz   （b）频带 55~80 Hz

（c）频带 65~90 Hz   （d）频带 75~100 Hz

图 3.73　图 3.72（a）的局部放大残差剖面

图 3.74　利用 40 Hz 雷克子波合成的地震记录　　图 3.75　速度频散反演结果

为了证明以上误差确实是利用观测到的地震数据求取反射系数所造成的，假设观测到的信号就是反射系数，而不是地震波形，反演过程中没有利用地震数据计算反射系数 $S^{\text{obs}}(f_i, \theta_j)/w(f_i, \theta_j)$，而是直接用传播矩阵方程对模型计算的反射系数代替这一项，避免了利用地震数据计算反射系数所产生的误差。再采用 AVAF 反演方法进行各个频带的反演，结果如图 3.76 所示。可以看到，无论是低频带还是高频带，反演得到的速度频散规律均与真实的速度频散曲线一致。

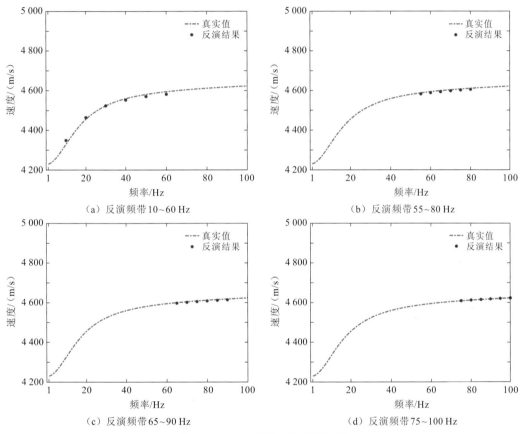

图 3.76　AVAF 速度频散反演结果

由以上结果可以知道，不仅仅是地震数据本身存在高频信息的缺失现象，导致高频部分的纵波速度频散难以反演准确，而且反演过程中利用观测到的地震数据求取反射系数谱同样也会产生误差，对反演结果造成巨大的影响。提高子波主频至 40 Hz，能够增加反演的高频极限，使相对于子波主频为 20 Hz 的情况下，能够反演出更高频带的纵波速度频散，这是因为地震数据中提供了更多的高频信息。因此，地震数据各频率的信息保留得越多，越能够反演出更多频率范围的纵波速度频散。

第4章

蚁群算法理论

　　本章主要介绍蚁群算法的理论基础，分别从蚁群算法的起源、研究现状、应用及数学模型等方面展开讨论和阐述，为第5章探讨蚁群算法在地球物理中的应用作铺垫，也是第5章的先导知识。

4.1　蚁群算法的起源和发展

4.1.1　蚁群算法的起源

蚂蚁属于群居昆虫，个体行为极其简单，而群体行为却相当复杂。相互协作的一群蚂蚁很容易找到从蚁巢到食物源的最短路径，而单个蚂蚁则不能。此外，蚂蚁还能够适应环境的变化，如当蚁群的运动路线上突然出现障碍物时，它们能够很快地重新找到最优路径。蚂蚁的这种行为很早就引起了昆虫学家的注意，1990 年，Deneubourg 等[147]通过"对称双桥试验"对蚁群的觅食行为进行了研究。

如图 4.1（a）所示，A、B 为长度相等的对称双桥，从蚁穴到食物源必须经过桥 A 或者桥 B，蚂蚁从蚁巢自由随机地选择路径到达食物源。图 4.1（b）是经过 A、B 两桥的蚂蚁的百分比随时间的变化曲线。试验结果显示，在初始阶段，由于某些随机因素的存在，通过 A 桥的蚂蚁百分比急剧增加后，蚂蚁便趋向于选择同一条路径到达食物源，即从蚁穴经过桥 A 到达食物源。

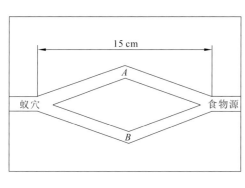

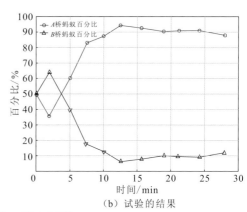

（a）试验的建立　　　　　　　　　　　（b）试验的结果

图 4.1　对称双桥试验[147]

人们通过大量的研究发现，蚂蚁个体之间是通过在其所经过的路上留下一种称为信息素（pheromone）的物质来进行信息的传递。随后的蚂蚁遇到信息素时，不仅能检测出该物质的存在及多少，而且可根据信息素的浓度来选择前进方向。同时，该物质随着时间的推移会逐渐挥发掉，于是路径的长短及该路径上通过的蚂蚁的多少就对残留信息素的强度产生影响，反过来信息素的强弱又指导着其他蚂蚁的行动方向。因此，某一路径上走过的蚂蚁越多，后来者选择该路径的概率就越大。这就构成了蚂蚁群体行为表现出的一种信息正反馈现象，蚂蚁个体之间就是通过这种信息交流快捷搜索食物源的。

在对称双桥试验中，A、B 两座桥上都没有信息素存在，从蚁穴出发寻找食物的蚂蚁将以相同的概率选择 A、B 路径寻找食物，故此时在 A、B 两座桥上留下等量的信息素。一段时间后，随机波动使得大量的蚂蚁选择了 A 桥，因此更多的信息素落在了 A 桥，致使后来的蚂蚁选择 A 桥的概率增大。随着时间的推移，选择经过 A 桥寻找食物的蚂蚁越来越多，而 B 桥上的蚂蚁越来越少。

受天然蚂蚁行为的启发，Colorni 等[148]和 Dorigo 等[20, 149-150]在 20 世纪 90 年代提出了蚁群算法。为了说明蚁群发现最短路径的原理和机制，同时也为了理解蚁群算法的基本思想，Dorigo[149]举了如下例子来呈现最直观的感受。

图 4.2 具体说明了蚁群系统寻找最短路径的原理。图 4.2 中设 A 是蚁巢，E 是食物源，C、H 为障碍物，距离为 d。由于障碍物的存在，由 A 外出觅食或由 E 返回巢穴的蚂蚁只能经由 C 或 H 到达目的地。假设蚂蚁以"1 单位长度/单位时间"的速度往返于 A 和 E，每经过一个单位时间各有 30 只蚂蚁离开 A 和 E 到达 B 和 D，如图 4.2（a）所示。初始时，各有 30 只蚂蚁在 B 点和 D 点遇到障碍物，开始选择路径。由于此时路径上无信息素，蚂蚁便以相同的概率随机地走两条路中的任意一条，因而 15 只蚂蚁选择前往 C 点，15 只蚂蚁选择前往 H 点，如图 4.2（b）所示。经过一个单位时间以后，路径 BCD 被 30 只蚂蚁爬过，而路径 BHD 上只被 15 只蚂蚁爬（因 BCD 距离为 1 而 BHD 距离为 2），BCD 上的信息量是 BHD 上信息量的两倍。此时，又有 30 只蚂蚁离开 B 和 D，于是各 20 只选择前往 C 方向，而另外各 10 只选择前往 H 点，如图 4.2（c）所示。这样，更多的信息素被留在更短的路径 BCD 上。随着时间的推移和上述过程的重复，最短路径上的信息素量便以更快的速度增长，于是会有越来越多的蚂蚁选择最短路径，以致最终完全选择最短路径。

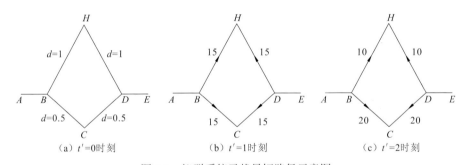

图 4.2　蚁群系统寻找最短路径示意图

4.1.2　蚁群算法的发展

蚁群算法是继模拟退火算法、遗传算法、拓扑算法和人工神经网络等启发式随机搜索算法以后的又一种应用于组合优化问题的算法。该算法在控制与决策问题的求解中取得较好的效果，如旅行商问题[151-153]、背包问题[154-157]、指派问题[158]等经典问题。此外，在实际应用中，如大规模集成电路的综合布线、电信网络路由等方面，该算法有很多的优点：①蚁群算法的基本思想是一种随机的通用试探法的信息正反馈机制，能迅速找到好的解决方法；分布式计算可以避免过早地收敛；强启发能在早期的寻优中迅速找到合适的解决方案，该算法已经被成功地运用于许多能被表达为在图表上寻找最佳路径的问题。②较强的鲁棒性，对蚁群算法模型稍加修改，就可以应用于其他问题。③分布式计算，蚁群算法是一种基于种群的进化算法，具有并行性，易于并行实现。④易于与其他方法结合，很容易与多种启发式算法结合，以改善算法的性能。

虽然传统的蚁群算法有如上所述的种种优点，但也存在很多缺点。例如：①需要较长的搜索时间。虽然计算机计算速度的提高和蚁群算法的本质并行性在一定程度上可以缓解这一问题，但是对于大规模优化问题，这还是一个很大的障碍，这一过程一般需要很长的时间。②容易出现停滞现象，即搜索进行到一定程度后，所有个体所发现的解完全一致，不能对解空间进一步搜索，不利于发现更好的解，因此很多学者对基本的蚁群算法进行改进，以期望提高算法收敛速度来克服在这方面的缺陷。③现阶段对蚁群算法的研究还只是停留在仿真阶段，蚁群算法还是一种新型的模拟进化算法，其研究刚刚开始，虽然蚁群算法思想在启发式方法范畴内已经形成一个独立分支，在有关国际会议上多次作为专题加以讨论，但应当指出，蚁群算法还未像遗传算法、模拟退火等算法那样形成系统的方法，尚未能提出一个完善的理论分析，对它的有效性也没有给出严格的数学解释，有许多问题还有待进一步研究，如算法的收敛性、理论依据等。鉴于此，研究人员对传统的蚁群算法进行了很多改进研究，以下介绍三种最具代表性的改进方法。

第一种是德国学者 Stützle 和 Hoos[159]提出的最大最小蚁群系统（max-min ant system）是目前为止贪婪式寻优特征最明显的改进蚁群算法，其目的主要是防止传统蚁群算法过早的停滞现象。

在传统蚁群算法中，经过一定次数的迭代，信息素会过度集中在几条较优的路径上，而其他路径由于长时间没有被选择，其路径上的信息素逐渐挥发并无限趋近于零，此时这些路径就不会再被后来的"蚂蚁"选择，也就出现了停滞现象。最大最小蚁群系统就是针对这种现象提出来的，相对于传统蚁群算法，主要作了一些改进：在每次迭代结束后，只更新最优解所属路径上的信息素，以此更好地利用历史信息；对算法中每条路径上的信息素浓度引入最大值最小值限制，当某条路径上的信息素浓度高于所设最大值时，则强制其为上限值，当某条路径上的信息素浓度低于所设最小值时，则强制其为下限值，以此来避免路径上的信息素浓度出现两极分化，使所有的"蚂蚁"都选择相同的一条或多条路径而导致算法过早停滞；初始时刻，设定各路径上信息素浓度的初始值，以此使算法具有更好的发现最优解的能力。

第二种是 Cordón 等[160]提出的最优最差蚁群系统（best-worst ant system）。该改进系统与最大最小蚁群系统追求的目标恰好相反，后者主要是为了提高算法全局优化能力，前者则着重于提高算法的局部优化能力。

在最优最差蚁群系统中，每一次迭代后，通过外部干预对算法搜索过程进行目的性指导，通过外部引导对最优解进行最大限度的增强，对最差解进行最大限度的削弱，使得最优路径与最差路径上的信息素差异进一步增大，从而使算法的搜索结果更进一步地集中于最优解的附近，以期尽快找到最合理最符合要求的最优解。

第三种是李勇和段正澄[161]提出的动态蚁群算法，在传统蚁群算法的基础上，动态蚁群算法做了如下改进：给路径上信息素的挥发机制设置了一个动态的挥发因子，即路径上信息素的浓度越高，挥发因子越大，信息素挥发得越快；信息素浓度越低，挥发因子越小，信息素挥发得越慢。通过动态挥发因子的限制，某条路径上的信息素不可能无限增大，也不可能趋于零，此算法与最大最小蚁群系统一样，也能有效地减少算法停滞现象。

4.2　蚁群算法的数学模型与搜索流程

4.2.1　基本蚁群算法

研究蚁群算法的目的是解决现实生活中各种复杂的问题，下面以最经典的旅行商问题讨论蚁群算法应用中的基本数学模型。

旅行商问题力图找到一条经过每个城市一次且回到起点的最小花费的环游。给定 n 个城市的集及城市之间环游的花费为 C_{ij}，人工蚂蚁的数量为 N_A。每个人工蚂蚁的行为符合下列规律：根据路径上的信息素浓度，以相应的概率来选取下一步路径；不再选取自己本次循环已经走过的路径为下一步路径。用一个数据结构拓扑表（tabu list）来控制这一点；当完成了一次循环后，根据整个路径长度来释放相应浓度的信息素，并更新走过的路径上的信息素浓度。现用 $\tau_{ij}(t')$ 表示在 t' 时刻边(i,j)上的信息素浓度。经过 n 个时刻，当蚂蚁完成了一次循环之后，相应边上的信息素浓度必须进行更新处理。模仿人类记忆的特点，对旧的信息进行削弱，同时，必须将最新的蚂蚁访问路径的信息加入 τ_{ij} 得到：

$$\tau_{ij}(t'+n) = (1-\rho_w)\tau_{ij}(t') + \Delta\tau_{ij} \tag{4.1}$$

式中：ρ_w 为一个取值范围在 0～1 的常数系数，称为信息素轨迹的波动系数，表示信息素的挥发程度。

$$\Delta\tau_{ij} = \sum_{k=1}^{m}\Delta\tau_{ij}^k \tag{4.2}$$

其中：$\Delta\tau_{ij}^k$ 是第 k 只蚂蚁在时间 t' 到 $t'+n$ 之间，在边上增加的信息素改变量。为此，Dorigo 曾给出三种模型[20-21, 149, 162]。

1）ant-cycle system 模型

$$\Delta\tau_{ij}^k = \begin{cases} \dfrac{Q_C}{L_k}, & \text{若第}k\text{只蚂蚁在时刻}t'\text{和}t'+1\text{经过}(i,j) \\ 0, & \text{否则} \end{cases} \tag{4.3}$$

式中：Q_C 为信息素强度的常数，用来表示蚂蚁完成一次完整的路径搜索后，所释放的信息素总量；L_k 表示第 k 只蚂蚁在本次遍历中所走过的路径总长度。如果蚂蚁的路径长度越长，那么其在单位路径上所释放的信息素浓度就越低。很显然，蚂蚁不会在其没有经历过的路径上释放信息素。

2）ant-quantity system 模型

$$\Delta \tau_{ij}^{k} = \begin{cases} \dfrac{Q_C}{d_{ij}}, & \text{若第} k \text{只蚂蚁在时刻} t' \text{和} t'+1 \text{经过} (i,j) \\ 0, & \text{否则} \end{cases} \tag{4.4}$$

在此算法中，以 d_{ij} 表示城市 i 到城市 j 的距离，残留信息素浓度为 Q_C/d_{ij}，即残留信息素浓度会因为城市距离的减小而增大，也就是说，蚂蚁倾向于选择下一步较短的路径。

3）ant-density system 模型

$$\Delta \tau_{ij}^{k} = \begin{cases} Q_C, & \text{若第} k \text{只蚂蚁在时刻} t' \text{和} t'+1 \text{经过} (i,j) \\ 0, & \text{否则} \end{cases} \tag{4.5}$$

在此算法中，从城市 i 到 j 的蚂蚁在路径上残留的信息素浓度为一个与路径无关的常量 Q_C。

4.2.2 蚁群算法的目标函数优化模型

在地球物理反演问题中，通常是通过设置目标函数，并求解其极小值来进行的。设待求解的反演问题的目标函数为

$$\phi = f(\boldsymbol{m}) \tag{4.6}$$

式中：$\boldsymbol{m} = (m_1, m_2, \cdots, m_n)^T$，为模型参数矢量。根据先验信息，可以给每个模型参数一个变化范围 $m_i^{lower} \leqslant m_i \leqslant m_i^{upper}$ $(i=1, 2, \cdots, n)$。然后在模型参数的取值范围内取 N 个节点，共计 $n \times N$ 个节点。m_i 的 N 个节点组成一个"层" m_i，那么一共 n 个"层"（图 4.3）。每只蚂蚁从 m_1 "层"开始，即将 N_A 只蚂蚁随机地放在第一个模型参数 m_1 的 N 个节点上，蚂蚁按照转移概率：

$$P_{i-1,j}^{i,k}(t') = \frac{[\tau_{i,k}(t')]^a [\eta_{i,k}(t')]^b}{\sum\limits_{t'=1}^{N} [\tau_{i,k}(t')]^a [\eta_{i,k}(t')]^b} \tag{4.7}$$

从 m_{i-1} "层"的一个节点 $(i-1,j)$ 转移到 m_i "层"的一个节点 (i,k) 上 $(i=1,2, \cdots, n; k=1, 2, \cdots, N)$。其中，$\tau_{(ij)}$ 为节点 (i,k) 上残留的信息素；$\eta_{(i,k)}$ 为启发函数，在不同的反演问题中，赋予不同的含义；a 和 b 分别为两者的相对重要程度。

按式（4.7）的转移概率"层层"转移，一直达到 m_n。那么，第 s 只蚂蚁走过的路径就对应一个解 $\boldsymbol{m}_s$，对应的目标函数值就为 ϕ_s。当所有蚂蚁完成一次遍历后，以式（4.1）更新节点 (i,j) 上的信息素。

在指派问题中，应用最广泛的是 Dorigo 提出的 ant-cycle system 模型[式（4.3）]，这在指派问题中是简单且合理的。然而对于地球物理反演寻优过程，此模型不尽合理。在指派问题中，各蚂蚁之间遍历一次所有城市各路径的总长度的区别不是很大，几乎是同一数量级的寻优；但是，地球物理反演问题的目标函数可能因为初始状态、观测资料的

精度等，使得目标函数值 ϕ_s 有较大的变化范围。例如，寻优过程中，拟合均方误差可能从 10^5 降至 10^2 数量级，这就导致后期的搜索比前期的搜索蚂蚁自身所带的信息素完全不在同一个数量级，换句话说，蚂蚁前期的搜索所付出的努力对后期的影响变得很小，显然这不利于全局收敛，且很容易导致收敛停滞。要使蚂蚁在各次搜索过程中信息素的量处于相同的水平，同时也要能够突出个体差异，映射 T 可以设为

$$\Delta\tau_{ij}^s(t)=\begin{cases} A_C\,\mathrm{e}^{-\frac{\phi_s-\mu(\phi)}{\sigma(\phi)}}, & \text{蚂蚁 }s\text{ 经过节点}(i,j) \\ 0, & \text{否则} \end{cases} \tag{4.8}$$

式中：A_C 为常数，反映蚂蚁的信息素平均水平；$\mu(\phi)$ 和 $\sigma(\phi)$ 为所有蚂蚁完成一次遍历后其目标函数的均值和方差。此式基本限制了每次搜索蚂蚁信息数的平均水平，$\mu(\phi)$ 和 $\sigma(\phi)$ 可以对蚂蚁信息素动态调整，同时由于 $\left[\Delta\tau_{(i,j)}^s(t)\right]'/\left[\Delta\tau_{(i,j)}^s(t)\right]''=\mathrm{e}^{\frac{\phi''-\phi'}{\sigma}}$，突出了个体之间的差异，对寻优有利。

由此可见，当蚂蚁 s 所得出的解 $\boldsymbol{m}_s$ 对应的目标函数 ϕ_s 越小，那么蚂蚁在节点 (i,j) 上留下的信息素 $\Delta\tau_{(i,j)}^s$ 越大，这样就对搜索做出了指导。当蚂蚁完成一次遍历，节点信息素更新以后，仍然按式（4.8）的转移概率 N_A 只蚂蚁从最后一"层" m_n 重新回到第一"层" m_1，开始第二次遍历，如此重复。N_A 只蚂蚁经多次遍历之后会收敛到同一条路径上，得出此轮循环的模型参数矢量最优解 $\boldsymbol{m}^*(1)$；然后缩小模型参数搜索范围，即在第 i 个模型参数 m_i 的区间

$$\text{space}_i=\left[m_i^{\text{upper}},m_i^{\text{lowwer}}\right]\bigcap U\left[m_i^*(1),\delta_r\right] \tag{4.9}$$

上重新划分 N 个节点，建立搜索空间，其中 δ_r 为临域半径：

$$\delta_r=\kappa\frac{m_i^{\text{upper}}(0)-m_i^{\text{lowwer}}(0)}{2}\quad(0<\kappa<1) \tag{4.10}$$

式中：$m_i^{\text{upper}}(0)$，$m_i^{\text{lowwer}}(0)$ 表示上一次搜索参数 m_i 的范围。重复以上过程，依次得到 $\boldsymbol{m}^*(2),\boldsymbol{m}^*(3),\cdots$，当停机条件满足的时候得到最优解 $\boldsymbol{m}^{*[163,164]}$。

4.2.3　蚁群算法的搜索流程

算法的具体步骤及具体流程（图4.3）如下。

（1）根据约束条件，将分量区间节点化，建立搜索空间。

（2）初始化节点信息素。

（3）每只蚂蚁按式（4.7）转移概率来选择路径，完成一次遍历。

（4）按式（4.1）、式（4.2）、式（4.8）更新节点信息素。

（5）判断蚂蚁群体是否收敛，若收敛，则转步骤（6），否则转步骤（3）。

（6）拟合误差是否满足收敛条件，若满足则搜索结束，否则转步骤（7）。

（7）将当前最优解的邻域内按式（4.9）细化，重新建立搜索空间，转步骤（2）。

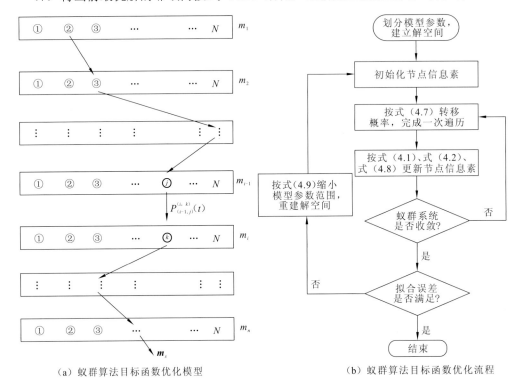

（a）蚁群算法目标函数优化模型　　　　　（b）蚁群算法目标函数优化流程

图 4.3　基于蚁群算法的连续目标函数优化模型与流程

第 5 章

蚁群算法在地球物理中的应用

　　第 4 章已经简要介绍了蚁群算法的起源及基本数学模型。本章主要介绍蚁群算法及其改进算法在地球物理中的应用,特别是位场和地震波场反演方面的应用。最后分析蚁群算法的收敛性和不确定性。

5.1　蚁群算法在重磁反演中的应用

5.1.1　重力数据蚁群算法反演

在求解地球物理反演问题中，通常是通过设置目标函数来进行的。所谓的目标函数绝大多数情况是观测数据与模型正演出来的数据的拟合程度，即

$$\phi(\boldsymbol{m}) = \left\{ \sum_{i=1}^{n} \left[T_i^{\text{obs}} - T_i^{\text{pre}}(\boldsymbol{m}) \right]^2 \right\}^{\frac{1}{2}} \tag{5.1}$$

对于多目标函数的联合约束反演，可以引入惩罚函数或者拉格朗日乘子解决。

设球体模型参数为 $\boldsymbol{m} = (x_0, y_0, z_0, r, \Delta\rho)$，$x_0$，$y_0$，$z_0$ 为球体中心坐标；r 为球体半径；$\Delta\rho$ 为球体剩余密度。对于地面上任意观测点 (x, y, z) 产生的布格重力异常为

$$\Delta g = \frac{\gamma\left(\dfrac{4}{3}\pi r^3\right)\Delta\rho(z_0 - z)}{\left[(x-x_0)^2 + (y-y_0)^2 + (z-z_0)^2\right]^{3/2}} \tag{5.2}$$

式中：γ 为万有引力常量。模型试验中，取 10 条测线，每条测线 100 个点，点距 10m，线距 100m。单个球体模型：x_0，y_0 的变化范围为 [0, 1 000]，z_0 的变化范围为 [0, 400]，r 的变化范围为 [0, 200]，$\Delta\rho$ 的变化范围为 [0.5, 1.0]。两个球体模型：x_0 的变化范围为 [0, 500]、[500, 1 000]，y_0 的变化范围为 [0, 1 000]，z_0 的变化范围为 [0, 400]、[0, 200]，r 的变化范围为 [0, 200]、[0, 100]，$\Delta\rho$ 不参加反演。且设转移概率式（4.7）中的参数 $a=1$，$b=0$。在相同条件下，试验计算了 3 次，表 5.1 是蚁群算法的反演结果，图 5.1 是蚁群算法的反演目标函数随搜索过程的变化曲线。

表 5.1　蚁群算法的反演结果

模型	参数设置	试验次数/次		x_0/m	y_0/m	z_0/m	r/m	剩余密度/(g/cm³)	拟合误差/（g.u.）	迭代次数/次
单个球体	挥发系数 0.5，蚂蚁 100，区间等分 100	—	真值	500.0	500.0	200.0	100.0	0.80		
		1	反演结果	499.2	499.7	198.7	100.7	0.77	0.009	1 837
		2	反演结果	500.5	499.8	201.0	106.1	0.67	0.006	422
		3	反演结果	500.2	499.4	203.2	117.4	0.50	0.017	1 755
两个球体	挥发系数 0.3，蚂蚁 100，区间等分 100	—	真值	300.0	500.0	200.0	100.0	—		
				700.0	500.0	100.0	50.0	—	—	—
		1	反演结果	301.1	499.1	204.3	100.9	—	0.022	1 730
				700.3	501.2	95.4	48.8	—		
		2	反演结果	301.2	500.6	198.9	99.7	—	0.018	1 985
				700.8	496.9	103.3	50.8	—		
		3	反演结果	300.8	500.4	199.4	99.9	—	0.008	1 713
				700.8	501.2	101.0	50.3	—		

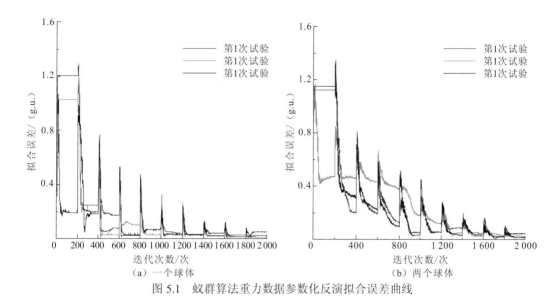

图 5.1 蚁群算法重力数据参数化反演拟合误差曲线

5.1.2 蚁群算法改进及优化

1. Gauss 模型蚁群算法反演

本书对蚁群算法的改进在于目标函数与信息素之间的映射函数。尽管式（4.3）ant-cycle system 模型成功应用于旅行商问题、背包问题和指派问题等组合优化问题，但是它在重磁资料反演中的应用效果却不好。重磁反演问题与旅行商问题不同，重磁反演的解空间是通过连续域参数离散化得到的，而旅行商问题本身就是由各个城市组成的离散化解空间。因此，旅行商问题的解空间比重磁反演问题的解空间小得多，前者蚁群系统更容易搜索到最优解。在旅行商问题中广泛应用的 ant-cycle system 模型寻优能力不强，不能实时更好地突出蚂蚁个体（即各个解）之间的差异，蚁群系统容易搜索到一个局部最优解，从而导致搜索过程过早停滞。由于蚁群系统搜索停滞，陷入局部极值，即使增加迭代次数或改变反演参数，也难实质上提高收敛的速度和反演的精度。

本书认为，当蚁群系统完成一次遍历后，有必要对此次蚁群系统的搜索结果进行统计和评估。根据本次蚁群系统的搜索结果，合理计算信息素残留量，进而引导蚁群的下一步搜索；这样势必会增加算法的稳定性和收敛速度等。对蚁群系统搜索结果的统计，最主要是计算每只蚂蚁对应的目标函数值，所以对蚁群系统的统计就是对所有蚂蚁对应的目标函数值的统计。因此，本书提出新的映射模型。新的映射模型为 Gauss 函数形式，称为 Gauss 模型，即

$$\nabla \tau_{(i,j)}^{s}(t') = \begin{cases} A_{C} \mathrm{e}^{\frac{\phi_s - \mu(\phi)}{\sigma(\phi)}}, & \text{第} s \text{只蚂蚁经过节点}(i,j) \\ 0, & \text{否则} \end{cases} \tag{5.3}$$

式中：$\mu(\phi)$ 和 $\sigma(\phi)$ 为整个蚁群系统目标函数的均值和方差；A_C 为与信息素总量有关的常数，该常数对搜索结果没有影响。式（5.3）对每次搜索的结果进行数理统计，根据统计的目标函数分布，计算对应的信息素增量，突出了蚂蚁个体之间的差异，有利于加快收敛的速度，寻找全局最优解。

图 5.2 是二维矩形截面棱柱体模型磁异常[图 3.3(a)]的 Gauss 模型和 ant-cycle system 模型蚁群算法反演结果。两者蚂蚁数量、节点层数、挥发系数等反演参数均是相同的。反演时，将 1 000 m×500 m 的介质范围划分为 40×20＝800 个网格单元，即模型参数的个数为 800。将模型参数剖分为 0 和 1 两等分（0 代表无磁性，1 代表有磁性），因此共有 2^{800} 种可能的解。两者的蚂蚁数量为 200，挥发系数为 0.7；正则化因子 (λ) 也相同，均为 10^3。Gauss 模型和 ant-cycle system 模型反演的初始模型是随机生成的，如果蚂蚁数量、等分数量相同，那么随机生成的初始模型也是相同的。虽然两者控制信息素总量的常数不同 ($A_C = 1$，$Q_C = 10^7$)，但它们只控制蚁群系统的信息素总量，不会影响转移概率，所以对反演的结果不会产生影响。由图 5.2 可知，Gauss 模型的反演结果比 ant-cycle system 模型反演结果要好。前者磁性单元的聚集程度高，分辨率高，形状、边界与理论模型很好吻合。后者磁性单元分布较散，反演的磁性体分布和理论模型差别较大。

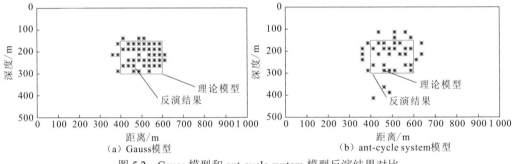

图 5.2　Gauss 模型和 ant-cycle system 模型反演结果对比

图 5.3 和表 5.2 是 Gauss 模型和 ant-cycle system 模型反演的收敛过程对比。由图 5.3 和表 5.2 可知，Gauss 模型的反演效率比 ant-cycle system 模型高。Gauss 模型目标函数下降快，收敛稳定；而 ant-cycle system 模型目标函数下降缓慢，收敛速度慢。前者迭代 97 次收敛，耗时 314 s，拟合观测数据的相对误差达到 2.0%；而后者迭代 1 000 次仍没收敛，耗时 4 052 s，拟合观测数据的相对误差为 18.0%，反演的效率比 Gauss 模型低很多。充分说明改进的 Gauss 模型比传统的 ant-cycle system 模型效果好。

图 5.4 显示了使用高斯映射的目标函数值的分布。在迭代开始时，蚂蚁的随机分布导致目标函数的随机分布。随着搜索过程的进行，目标函数的均值和偏差逐渐减小，说明蚁群算法正在收敛。在最后一次迭代中，目标函数趋于相同，最终蚁群分布在同一路径上。

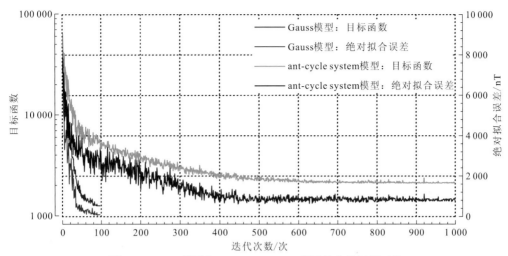

图 5.3　Gauss 模型和 ant-cycle system 模型的收敛过程对比

表 5.2　**Gauss 模型和 ant-cycle system 模型反演结果对比**

映射模型	迭代次数/次	迭代时间/s	目标函数	绝对拟合误差/nT	相对拟合误差/%
Gauss 模型	97	314	1 259.5	97.5	2.0
ant-cycle system 模型	1 000	4 052	2 117.3	774.4	18.0

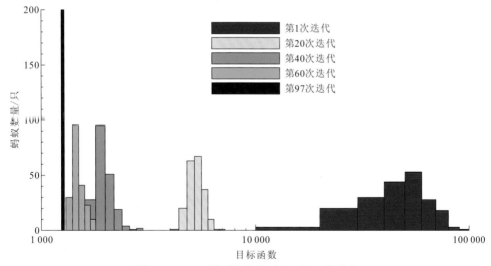

图 5.4　Gauss 模型的收敛过程目标函数分布

2. 地面磁测与井中磁测蚁群算法联合反演

井中磁测是勘查深部场源的最重要途径之一。它受地表干扰的影响小，比地面磁测含有更丰富的信息。然而，对井中磁测的应用还比较单一，以定性为主，如通过井中磁异常形态确定场源的位置、埋深等[165-167]。例如，通过井中磁力线的汇聚和发散情况判断场源位置，根据磁异常形态的极值点、拐点确定场源到井轴的距离。Silva 和 Hohmann[168]

反演井中三分量磁测数据恢复矩形方块场源，Li 和 Oldenburg[169-170]进行地面磁测数据和井中磁测数据的联合反演，Yang 等[171]进行地面磁测与井中磁测的人机联合交互反演。

地面磁测、井中磁测与磁性是线性关系，矩阵方程表示为

$$\begin{cases} G_{\Delta T} m = d_{\Delta T} \\ G_{\Delta X} m = d_{\Delta X} \\ G_{\Delta Y} m = d_{\Delta Y} \\ G_{\Delta Z} m = d_{\Delta Z} \end{cases} \tag{5.4}$$

式中：$G_{\Delta T}$，$G_{\Delta X}$，$G_{\Delta Y}$ 和 $G_{\Delta Z}$ 为各个分量的灵敏度矩阵；$d_{\Delta T}$，$d_{\Delta X}$，$d_{\Delta Y}$ 和 $d_{\Delta Z}$ 为观测的 ΔT 分量，ΔX 分量，ΔY 分量，ΔZ 分量。

求解式（5.4）等价于求解以下目标函数的极小值：

$$\begin{aligned} \phi_d(m) =& (d_{\Delta T} - G_{\Delta T} m)^{\mathrm{T}} W_{\Delta T}^{\mathrm{T}} W_{\Delta T} (d_{\Delta T} - G_{\Delta T} m) \\ &+ (d_{\Delta X} - G_{\Delta X} m)^{\mathrm{T}} W_{\Delta X}^{\mathrm{T}} W_{\Delta X} (d_{\Delta X} - G_{\Delta X} m) \\ &+ (d_{\Delta Y} - G_{\Delta Y} m)^{\mathrm{T}} W_{\Delta Y}^{\mathrm{T}} W_{\Delta Y} (d_{\Delta Y} - G_{\Delta Y} m) \\ &+ (d_{\Delta Z} - G_{\Delta Z} m)^{\mathrm{T}} W_{\Delta Z}^{\mathrm{T}} W_{\Delta Z} (d_{\Delta Z} - G_{\Delta Z} m) \end{aligned} \tag{5.5}$$

式中：$W_{\Delta T}$，$W_{\Delta X}$，$W_{\Delta Y}$ 和 $W_{\Delta Z}$ 为数据加权矩阵。若观测数据含独立的均值为零高斯白噪声，则

$$W_K = \mathrm{diag}(1/\sigma_{K,1}, 1/\sigma_{K,2}, \cdots, 1/\sigma_{K,i}, \cdots, 1/\sigma_{K,N}) \quad (K = \Delta T, \Delta X, \Delta Y, \Delta Z) \tag{5.6}$$

式中：$\sigma_{K,i}$ 为第 i 个 K 类型观测数据的标准差，蚁群算法井地联合反演最优化变成求解式（5.5）组成的目标函数。

3. 岩性约束反演

重磁反演存在很强的地球物理多解性，添加先验信息的约束反演是减小多解性的最重要手段[172-177]。随机搜索算法比线性反演方法（如共轭梯度法[178]）更方便地融合约束信息。对于线性反演，约束信息是通过约束矩阵或约束方程添加在反演过程中，迭代过程中，搜索方向不能随意改变，否则会导致算法的不收敛。然而，对于非线性反演算法，搜索方向可以人为更改，而不会影响整个系统的假设条件，也不会影响系统的全局优化能力。例如，若约束 m_i 等于第 k 个节点的值，则强制性地使 m_i 层的信息素的量为

$$\tau_{(i,j)} = \begin{cases} C, & j = k \\ 0, & \text{其他} \end{cases} \tag{5.7}$$

式中：C 为与信息素总量有关的常数。

通过式（5.7）干涉信息素的量，可以实现对参数 m_i 的约束，该约束只影响了该节点的信息素的量，对其他节点没有任何影响，因而不会影响到整个系统的收敛性，比线性反演的方法更容易添加先验信息。

图 5.5 显示一个薄板状体模型的地面磁测数据在有井中约束和没有井中约束的反演结果。板状体模型的上顶埋深为 100m，下延深度为 350m，倾角为 45°。两个垂直钻孔 ZK1 位于 $x=375\,\mathrm{m}$，ZK2 位于 $x=475\,\mathrm{m}$ 的位置，打穿磁性体的底部。当没有添加钻孔先验信息时，磁化强度分布在顶部[图 5.5（a）]，对板状体的深部位置没有较好的反

映。在图 5.5（b）中，将 ZK1 和 ZK2 的岩性作为先验信息添加在反演过程中，使用式（5.7）保证蚁群系统经过钻孔控制的区域。因为使用钻孔先验信息对场源深部进行约束，有钻孔约束的反演结果[图 5.5（b）]比没有钻孔约束[图 5.5（a）]的反演效果要好。

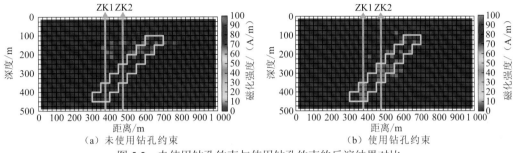

（a）未使用钻孔约束   （b）使用钻孔约束

图 5.5 未使用钻孔约束与使用钻孔约束的反演结果对比

4. K 均值聚类分析

重磁数据反演的目标函数包含数据拟合和模型约束两项，前者用于拟合观测数据，后者用于模型约束从而获得简单的解，Li 和 Oldenburg[169-170]将模型约束目标函数定义为

$$\phi_m = \| W_m (m - m_{ref}) \| \tag{5.8}$$

式中：W_m 为加权矩阵；m_{ref} 为参考模型。Liu[109-110]等进行蚁群算法反演重磁数据的模型约束目标函数为

$$\phi_m = \frac{\left(\sum_{i=1}^{n} \left| r_{d_i} - r_{d_0} \right| \Big/ n \right)}{(h - h_0)^{\beta/2}} \tag{5.9}$$

式中：r_{d_i} 为第 i 个异常单元中心的位移矢量；r_{d_0} 为所有异常单元中心的位移矢量，h 为异常单元的深度；h_0 为深度相同量纲的常数；β 为深度加权系数，与重磁异常随深度增加的衰减速率有关；n 为模型单元个数。

式（5.8）和式（5.9）都是用于简化模型的分布，使场源的分布更集中。然而，当有多个场源存在时，使用式（5.9）仍然得不到较好的反演结果。如图 5.6（b）所示，两个平行的垂直板状体模型，磁化强度分布有连接的趋势，主要分布在两个垂直板状体之间，反演结果与真实模型不一致。

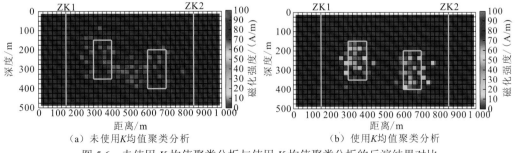

（a）未使用 K 均值聚类分析   （b）使用 K 均值聚类分析

图 5.6 未使用 K 均值聚类分析与使用 K 均值聚类分析的反演结果对比

本书第3章进行粒子群算法重磁数据反演时，提出采用 K 均值聚类分析方法。同样，本章进行蚁群算法反演时，提出用 K 均值聚类分析的方法对磁化强度分布进行分析，使之分布更加集中和独立。若迭代过程中，非零物性单元的中心位于点 $\{p^{(1)}, p^{(2)}, \cdots, p^{(N)}\}$ ，其中 N 是非零物性单元的总个数，K 是聚类中心的个数，聚类中心记为 $\{\hat{\mu}_1, \hat{\mu}_2, \cdots, \hat{\mu}_K\}$ 。计算点 $p^{(i)}$ $(i=1,2,\cdots,N)$ 与聚类中心点 $\hat{\mu}_j$ $(j=1,2,\cdots,K)$ 的距离为

$$d_{\hat{\mu}_j}^{(i)} = \left\| p^{(i)} - \hat{\mu}_j \right\|^2 \tag{5.10}$$

对于每个 $p^{(i)}$，若距离 $d_{\hat{\mu}_j}^{(i)}$ 达到最短，则记该异常单元属于聚类中心 $\hat{\mu}_j$。通过以上循环，每个模型单元都能找到对应的聚类中心。将聚类中心为 $\hat{\mu}_j$ 的 $p^{(i)}$ 记为 $p_{\hat{\mu}_j}^{(i)}$，则式（5.8）的模型约束目标函数记为

$$\phi_{\mathrm{m}} = \frac{\sum_{j=1}^{K} \Sigma_i \left\| p_{\hat{\mu}_j}^{(i)} - \hat{\mu}_j \right\|}{\left(h - h_0\right)^{\beta/2}}. \tag{5.11}$$

本书对使用 K 均值聚类分析与未使用 K 均值聚类分析的结果进行对比。如图5.6所示，理论模型由两个不同水平位置的垂直板状体组成。但未使用 K 均值聚类分析时，反演的物性分布集中在两个板状体之间，与真实模型有较大差别[图5.6（a）]。但是，当使用式（5.11）进行 K 均值聚类分析时，磁化强度的分布被分开，它们的位置、形状、产状均与理论模型吻合[图5.6（b）]。因此，使用 K 均值聚类分析有效地改善了反演效果。

式（5.11）的 K 均值聚类分析使物性独立的分布而不是集中在一个区域。在平行的两个垂直板状体模型中，磁性单元被集中分为两个磁异常中心。图5.7是图5.6（a）反演结果的迭代收敛过程，初始时刻，磁性体单元基本随机分布[图5.7（a）]，随着迭代过程的进行，磁性体单元被划分为两类（红色和蓝色），分别代表两个磁异常中心[图5.7（b）～（d）]。

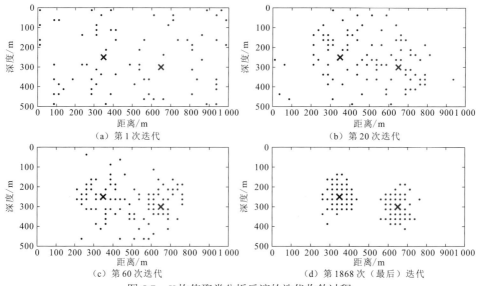

（a）第1次迭代

（b）第20次迭代

（c）第60次迭代

（d）第1868次（最后）迭代

图5.7 K 均值聚类分析反演的迭代收敛过程

5.1.3　参数分析

蚁群算法具有较强的鲁棒性，反演结果不依赖于设定参数。在此简要讨论几个重要参数：正则化因子(λ)，物性先验信息（磁化率或密度），信息素轨迹的波动系数(ρ_w)和蚂蚁数量(N_A)。

1. 正则化因子

蚁群算法中正则化因子的选择与马尔可夫链蒙特卡罗算法、遗传算法、模拟退火算法、人工神经网络等其他优化反演方法具有相似性。在目标函数中，使用 λ 来平衡数据约束和模型约束之间的权重。选择合适的 λ 来获得合理的反演结果至关重要。当 λ 太小时，预测数据过度拟合观测数据，观测数据中的噪声可能会扭曲反演结果。相反，当 λ 太大时，预测数据与观测数据不符，会丢失一些有用的信号，导致反演结果趋于简单化。

有三种常用的方法来确定 λ。第一种方法是基于 Mozonov 偏差准则[179-180]。若观测数据中的噪声级别已知，则将 λ 更改为噪声级别。这种方法需要预先知道观测数据中的噪声水平。然而，在许多实际应用中，噪声级难以确定。在此条件下，确定 λ 的另一种方法是广义交叉验证（generalized cross validation，GCV）[181-182]。其反演的地球物理解是稳定的，因此它们不依赖于特定的观测数据。即使不使用该观测数据，反演模型也可以预测具体的观测数据，当预测数据与观测数据最吻合时，则认为是最优的 λ。用这种方法来选择 λ，有时可能会使观测数据过度拟合。广义交叉验证也没有最小极值。因此，这些问题使得广义交叉验证失效。在蚁群算法中使用的第三种方法是基于 Tikhonov 曲线[183]。Tikhonov 曲线表示目标函数中数据约束和模型约束之间的关系。Tikhonov 曲线的拐点是最优 λ 的位置。如矩形模型成像反演试验（图 5.8），λ=700 是最佳正则化因子。

2. 物性先验信息（磁化率或密度）

在利用二进制表示蚁群算法来进行成像反演时，必须对岩石物性给出正确的先验信息。不准确的先验信息会导致不合理的反演结果。如图 5.9（a）和（b）所示，它们是错误的磁化强度先验信息 20 A/m 和 500 A/m 的反演结果，分别比矩形模型的实际磁化强度 100 A/m 差很多。两种反演的磁化强度分布都不符合真实矩形模型。较小的磁化强度产生较浅和较宽的磁化强度分布[图 5.9（c）]，而较大的磁化强度产生较深和较窄的磁化强度分布[图 5.9（d）]。在实际中，通过测量矿石和岩石样品的磁化率和密度，可以准确地获得其物理性质。

3. 信息素轨迹的波动系数

信息素轨迹的波动系数（ρ_w）在蚁群寻找最优路径中起着重要作用。在蚁群算法寻优过程中，需要避免算法收敛过快，实现一种有用的遗忘形式，以有利于探索搜索空间新的

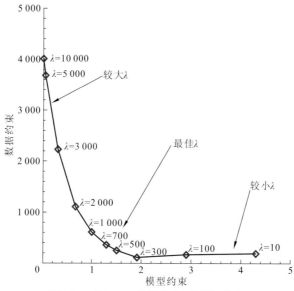

图 5.8　Tikhonov 曲线确定正则化因子 λ

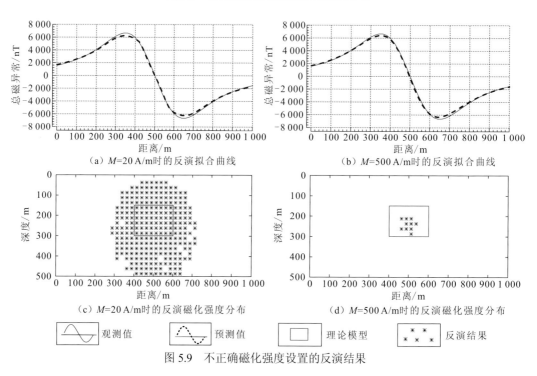

（a）M=20 A/m时的反演拟合曲线　　　　　（b）M=500 A/m时的反演拟合曲线

（c）M=20 A/m时的反演磁化强度分布　　　　（d）M=500 A/m时的反演磁化强度分布

〰️ 观测值	⌇ 预测值	▭ 理论模型	＊＊＊ 反演结果

图 5.9　不正确磁化强度设置的反演结果

解[184]。当 ρ_w 太小时，在最后一次迭代中搜索到的解可能以较大的概率再次被选择，从而降低了随机性能和全局搜索能力。相反，过大的 ρ_w 会降低收敛速度。如图 5.10（a）所示，揭示了重力数据反演中波动系数与反演结果及计算效率之间的关系。图 5.10（a）表明，当 $0.1<\rho_w<0.8$ 时，预测数据可以与观测数据相匹配。当 $0.1<\rho_w<0.7$ 时，随着 ρ_w 的增加，算法的计算时间逐渐减少至最小值；当 $\rho_w \geqslant 0.7$ 时，计算时间趋于显著增加。总的来说，

$0.5 \leqslant \rho_w \leqslant 0.7$ 可以获得较好的搜索效率和较高的收敛速度。因此，在理论模拟和实际应用中，将 ρ_w 设置为常量（如 $\rho_w=0.7$）。

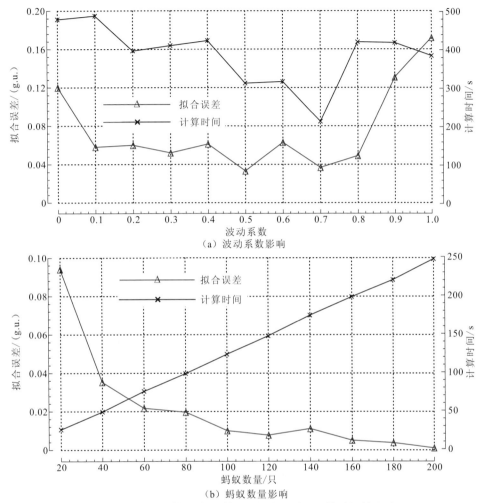

图 5.10　波动系数和蚂蚁数量对拟合误差和计算时间的影响

4. 蚂蚁数量

蚂蚁数量 (N_A) 与波动系数相似，也是关系到全局搜索效率和搜索速度的一个重要参数。Dorigo 等[149]发现旅行商问题算法的复杂度为 $O(t \cdot N_C^2 \cdot N_A)$，其中 t 为迭代次数，N_C 为城市数量。他们还建议蚂蚁数量应该与城市数量大致相等。图 5.10（b）为不同蚂蚁数量的重力资料反演，计算时间随蚂蚁数量的增加而线性增加，拟合误差随蚂蚁数量的增大而减小。结果表明，更多的蚂蚁数量可以提高反演结果，但增加了计算时间。因此需要选择合适的蚂蚁数量来平衡反演精度和计算成本。一般建议蚂蚁数量大约等于节点数量。

5.1.4　磁测数据理论模型反演

位场数据反演有两种方法：参数反演和成像反演。参数反演是指地质模型的形状是固定的，需要反演几何和物性参数。例如，二维板状体模型可以通过反演模型的深度、宽度、长度、倾角、磁化强度和方向等参数来描述地质体。因此，基于特定模型的参数反演更适合一些简单的地质情况。而成像反演则是将地下划分为多个网格单元，恢复其物性分布（密度和磁化率）；再根据矿体的物性分布，对矿体和岩石进行推测。因此，成像反演具有恢复复杂的密度和磁化率分布的能力。

1. 蚁群算法参数反演

设有一个直立长方体形状的磁性体，中心坐标$(x_0, y_0, z_0)=(500\,m, 500\,m, 250\,m)$，在$x, y, z$方向上的长度分别为$(l, m, n)=(100\,m, 200\,m, 100\,m)$，总磁化强度$M=120\,A/m$，磁化倾角为$I=45°$。取 11 条测线，线距 100 m，每条测线 21 个观测点，点距 50 m，观测点总数 231 个，观测数据含$\sigma=10\,nT$的高斯白噪声，总磁异常ΔT如图 5.11（a）所示。将观测数据与预测数据的方差作为目标函数，即

$$\phi(\boldsymbol{m}) = \sum_{i=1}^{n} \left[\boldsymbol{d}_i^{\text{obs}} - \boldsymbol{d}_i^{\text{pre}}(\boldsymbol{m}) \right]^2 \tag{5.12}$$

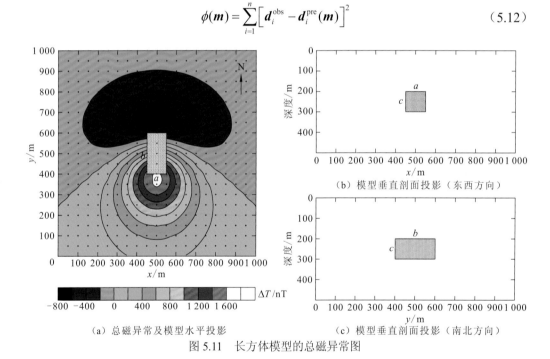

图 5.11　长方体模型的总磁异常图

其中模型参数矢量$\boldsymbol{m}=(M, I, x_0, y_0, z_0, a, b, c)$，蚁蚁数量为 100，各参数在取值范围内等分$N=100$个节点，因此，总共有 8 层、800 个节点和$100^8$条路径[图 5.11]。蚁群将从$100^8$条路径中找出最短路径。按式（4.10）中$k=2/3$缩小搜索区间，且设转移概率式（4.7）中$a=1$，$b=0$，挥发系数为 0.7。蚁群算法的反演结果见表 5.3。

表 5.3　长方体模型蚁群算法参数反演结果

参数	M/（A/m）	I/（°）	x_0/m	y_0/m	z_0/m	a/m	b/m	c/m	迭代次数/次	拟合误差/nT
真值	120	45	500	500	250	100	200	100	—	—
范围	0～500	0～180	0～1 000	0～1 000	0～500	0～500	0～500	0～500	—	—
a=1，b=0	135	45.3	500.0	500.0	256.7	100.2	173.0	105.0	491	6.9
a=0.8，b=0.2	125.5	45.0	499.9	499.9	251.6	98.4	197.3	99.3	434	1.5

假设 a=1，b=0 的蚁群搜索，完全是根据每条路径上的目标函数值或信息素做指导的，没有启发函数的引导，根据启发式的贪婪搜索，从而最终找到最短路径。如果资料充分的话，给启发函数赋予一定的含义，可以对蚁群系统的搜索做出有效地引导，从而减少搜索时间。仍然是上述模型，首先对磁性体的长、宽和高作一个估计，假设它们在取值范围内服从正态分布：l 的均值为 100m，方差为 50m^2；m 的均值为 200m，方差为 50m^2；n 的均值为 100m，方差为 50m^2；即 $l\sim N(100, 50)$，$m\sim N(200, 50)$，$n\sim N(100, 50)$。而其余参数在取值范围内是均匀分布的，启发函数为节点的概率乘以某常数，且 a=0.8，b=0.2。蚁群算法搜索结果见表 5.3。图 5.12 是蚁群系统优化过程中直立长方体中心位置在水平面上的投影。

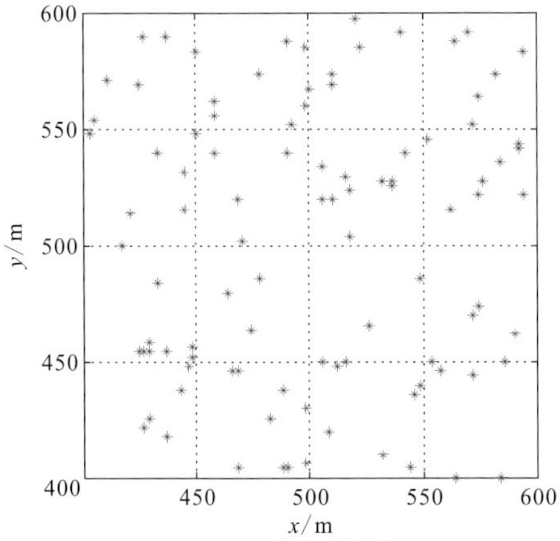

（a）第 0 次搜索

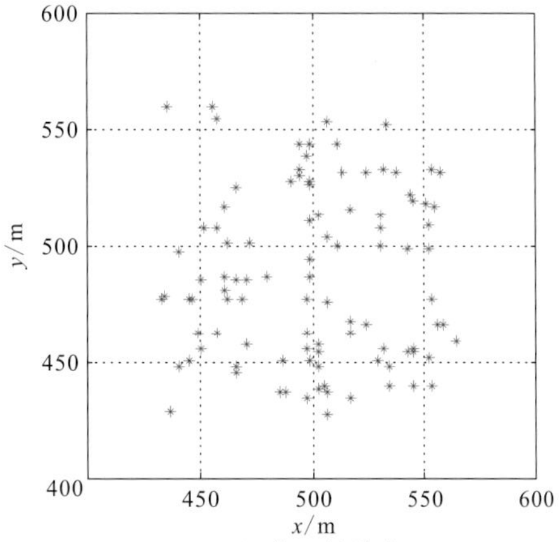

（b）第 30 次搜索

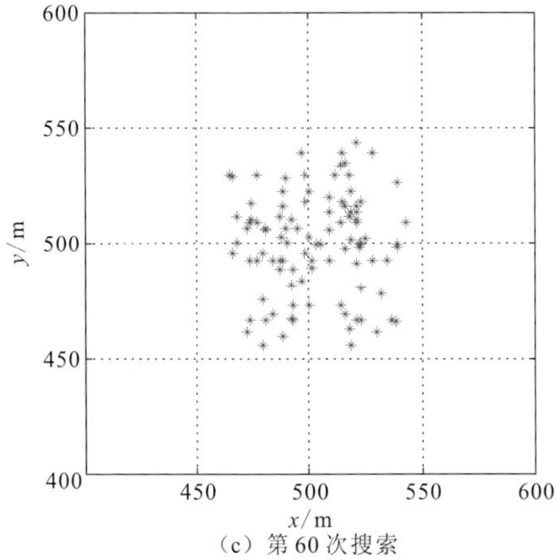

（c）第 60 次搜索

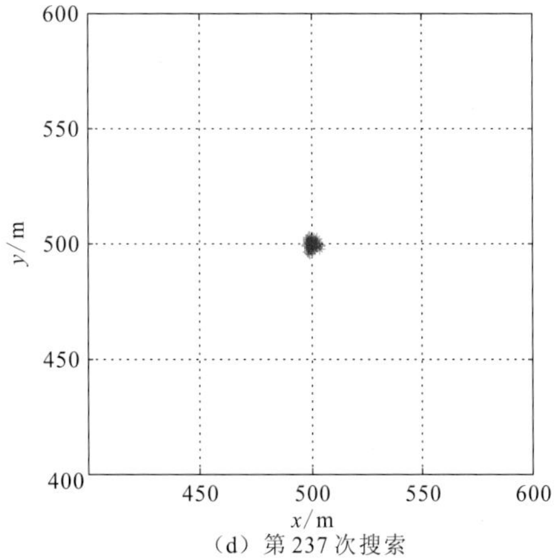

（d）第 237 次搜索

图 5.12　蚁群系统优化过程中直立长方体中心位置

从表 5.3 蚁群算法参数反演的结果可以看到，观测数据与预测数据的拟合误差在允许的范围内收敛稳定。蚁群系统进行全空间随机搜索，防止搜索陷入局部极值，9 个参数包括磁化强度的方向和大小、磁性体的位置及大小，它们的反演结果与真值相近，反演效果较好。$a=1$，$b=0$ 时，对磁性体的大小反演结果不如 $a=0.8$，$b=0.2$ 好，原因是后者的启发函数对蚁群系统的搜索作有效的引导，使得寻优不是完全凭信息素的贪婪式搜索。

此外，蚁群系统的收敛机制很强，无论有没有启发函数作引导，即使参数有一定的扰动，通常蚁群系统均能稳定收敛且不容易陷入局部极值，表现出较强的鲁棒性，这是蚁群算法很好的优点。但是，基于参数节点化的蚁群算法的搜索空间是离散的，每个参数不可能在实数空间取值，所以这一定程度上限制了蚁群算法的反演精度，通常都是通过增加节点划分的个数及逐渐减小搜索范围来克服。

2. 蚁群算法成像反演

位场数据的成像反演，是将地下划分为网格单元后，通过计算单元的密度或磁化率来恢复物性分布。根据分区数的不同，提出了两种成像反演方法：二进制物性反演和全物性反演。二进制反演认为模型单元存在有物性差异和无物性差异两种情形。例如，当两种介质有明显的地质边界时，可以将模型参数剖分为两个节点。0 指模型单元无密度或磁化率差异，1 指存在密度和磁性差异。这种离散反演方法通过减小模型空间有效地缓解了地球物理多解性，适用于物性边界比较清楚的情形。然而，密度或磁化率分布不均匀的情形，需要进行全物性反演，即模型参数为连续的值。模型参数为连续的值，不利于减小解空间和缓解多解性。

在参数反演中，目标函数由于参数数量较少而不包含模型约束。而成像反演，将地下划分为数百个单元，这些单元的数量大于观测点的数量，所以反演问题是不确定的。因此，有必要对模型进行简单合理的约束。在蚁群算法成像反演中，模型约束定义如式（5.9）所示。

与第 3 章粒子群算法所采用的模型（图 3.3）相似，本书设计 6 种 2D 磁性板状体模型测试蚁群算法的应用效果。如图 5.13 所示，6 种理论模型分别为单个矩形板状体、单个倾斜板状体、组合平行板状体、组合向斜模型、组合断层切割模型及垂向尖灭模型。为了有利于比较反演的效果，模型单元的磁化强度均为 $M=100 \text{ A/m}$，磁化倾角为 $I=45°$，磁异常如图 5.13 所示（红色实线）。观测数据点距为 20 m，观测数据个数为 51 个。由于是 45° 斜磁化，总磁异常曲线有正值也有负值（图 5.13）。

图 5.14 是矩形截面棱柱体模型蚁群算法反演的迭代收敛过程和反演结果。初始时刻，剖面的磁性分布是随机的、任意的[图 5.14（a）]。随着蚁群系统的搜索，磁性单元的分布逐渐收拢，并与真实模型逐渐接近[图 5.14（b）~（d）]。当经过 97 次搜索后，收敛停止，反演终止[图 5.14（e）]。反演结果与真实模型非常接近，反演效果很好。

图 5.15 是板状体组成的向斜模型蚁群算法反演的迭代收敛过程和反演结果。同单个矩形截面棱柱体模型的反演类似，初始时刻，剖面的磁性分布是随机的、任意的[图 5.15（a）]。随着蚁群系统的搜索，磁性单元的分布逐渐收拢，并与真实模型逐渐接近[图 5.15（b）~（d）]。当经过第 191 次搜索后，收敛停止，反演终止[图 5.15（e）]。反演结果与真实模型非常接近，反演效果很好。

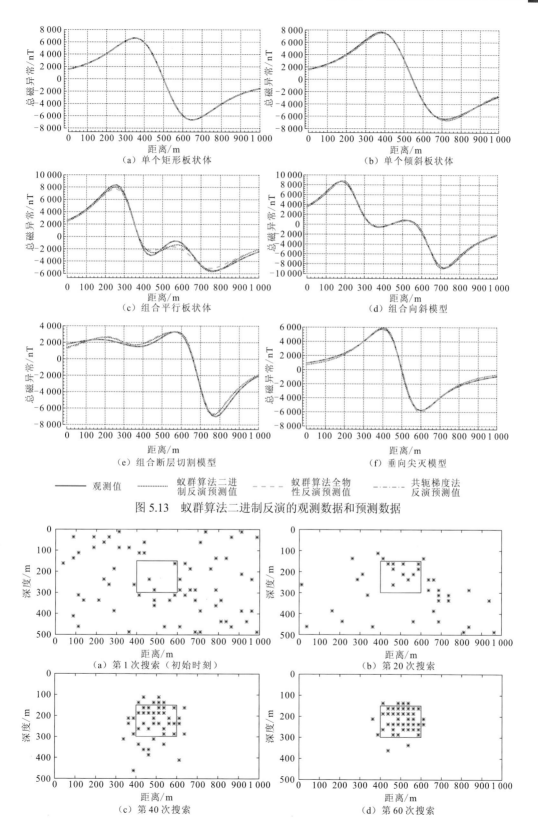

图 5.13　蚁群算法二进制反演的观测数据和预测数据

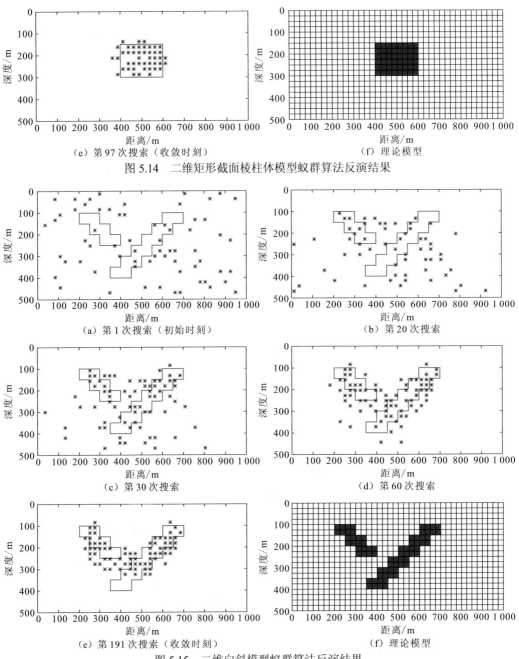

（e）第 97 次搜索（收敛时刻）　　　　　（f）理论模型

图 5.14　二维矩形截面棱柱体模型蚁群算法反演结果

（a）第 1 次搜索（初始时刻）　　　　　（b）第 20 次搜索

（c）第 30 次搜索　　　　　（d）第 60 次搜索

（e）第 191 次搜索（收敛时刻）　　　　　（f）理论模型

图 5.15　二维向斜模型蚁群算法反演结果

　　用蚁群算法反演时，参数设置如下：蚂蚁数量 N_A 为 500，挥发系数 ρ_w 为 0.7，深度加权系数为 3.0，正则化因子 λ 为 300～800。该剖面被剖分为 20 行×40 列＝800 个矩形单位，大小为 25 m×25 m。二进制反演时，每个模型单元的物性被划分为 2 个值，0 代表没有磁性，1 代表有磁化强度为 100 A/m 的磁性。因此，该反演问题中共有 800 层、1 600 个节点、2 800 条可能的路径，即蚁群系统从 2^{800} 条路径中，选择一条最优路径。

当模型单元在 0～100 A/m 划分为 20 等分时，有 800 层、16 000 节点、共计 20^{800} 条路径，蚁群系统将从 20^{800} 条路径中选择最优路径（图 4.3）。因此，重磁反演是从众多路径中选择一条最优路径的最优化问题。

　　图 5.16 和图 5.17 是 6 种模型的二进制反演（剖分为 2 等分）和全物性反演（剖分为 100 等分）的结果。首先，两者都稳定收敛，体现出蚁群优化算法较好的最优化能力和收敛稳定性，通常都是迭代数百次收敛。此外，单个矩形板状体和单个倾斜板状体反演的磁化强度分布的埋深、水平位置、大小都与真实模型一致[图 5.16（a）和（b）和图 5.17（a）和（b）]。对于其他组合模型，反演结果与真实模型存在一定的偏差，但主要特征均与真实模型一致。因为地面数据有较低的垂向分辨率，以至于很难区别组合向斜模型的两个板状体[图 5.16（d）和图 5.17（d）]，组合平行板状体也有连接起来的趋势[图 5.16（c）、图 5.17（c）]。组合向斜模型的两翼也不能完全分开。此外，由于浅部磁性体强磁异常的压制，蚁群优化算法很难控制组合模型中埋深较大的板状体，如图 5.16（e）、图 5.16（f）、图 5.17（e）和 图 5.17（f）的组合模型反演结果。

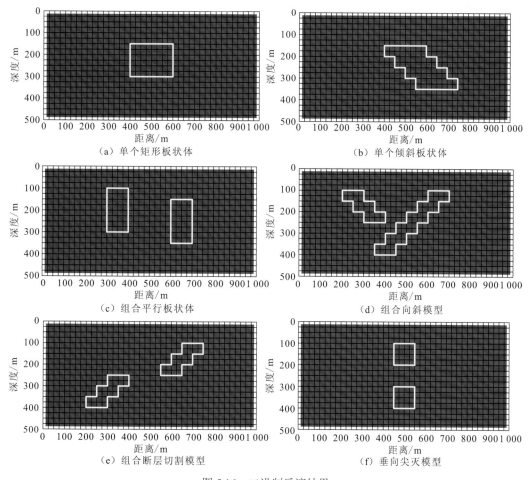

图 5.16　二进制反演结果

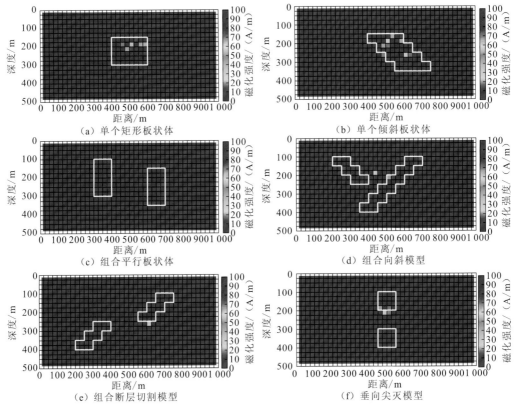

（a）单个矩形板状体　　　　　　　　（b）单个倾斜板状体

（c）组合平行板状体　　　　　　　　（d）组合向斜模型

（e）组合断层切割模型　　　　　　　（f）垂向尖灭模型

图 5.17　全物性反演（100 等分）结果

本书用预优共轭梯度法反演 6 种模型[178]。预优共轭梯度法的反演效果与真实模型一致，但获得的物性分布过于圆滑（图 5.18）。例如，预优共轭梯度法的反演结果磁化强度分布的范围过大，且磁化强度的幅值仅有 60 A/m，低于真实的磁化强度（100 A/m）。磁化强度分布过于光滑以至于很难根据物性的分布确定场源边界。然而，蚁群算法反演有清晰的物性边界（图 5.16 和图 5.17），且二进制反演磁化强度的幅值范围为 75～100 A/m，与真值一致（100 A/m）。因此，蚁群算法有较好的最优化能力和收敛稳定性，且获得清晰的物性边界。

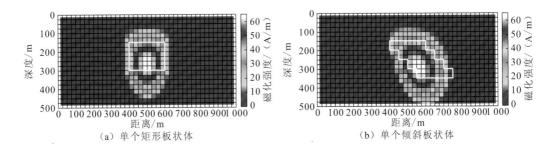

（a）单个矩形板状体　　　　　　　　（b）单个倾斜板状体

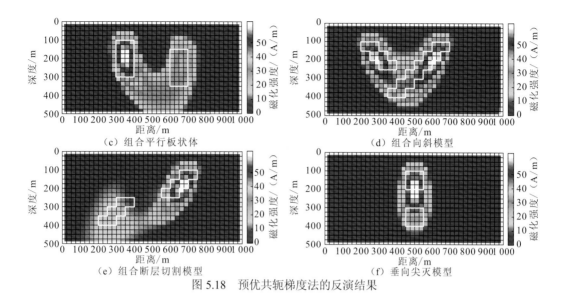

图 5.18　预优共轭梯度法的反演结果

5.1.5　蚁群算法应用实例

1. 应用实例一：南岭地区花岗岩侵入体构造探测

南岭地区在构造上横跨华夏板块与扬子板块，位于华南陆块构造岩浆活动带，历经多期次构造-岩浆-成矿作用，区内广泛发育着各种花岗岩和其他岩浆岩，是我国重要的金属矿成矿带之一，钨、锡、铜、铅、锌等的许多内生金属矿床与花岗岩有密切关系。花岗岩密度较低，侵入沉积地层中表现为负异常特征。根据前人所做的物性统计工作[185]得知，区内岩石密度分布具有的特征（表 5.4）：①碳酸盐岩密度大于砂页岩密度，灰岩平均密度为 2.70 g/cm³，页岩平均密度为 2.53 g/cm³；白云岩密度为 2.73~2.75 g/cm³；夕卡岩平均密度为 3.27 g/cm³；②浅源重熔型花岗岩密度常见为 2.60 g/cm³，比一般围岩低，剩余密度为-0.10~-0.05 g/cm³，而深源同熔型花岗岩其密度常见为 2.72 g/cm³，与围岩无明显的密度差。根据岩石密度资料统计，研究区花岗闪长岩岩的平均密度为 2.64 g/cm³，古生界到中生界地层的平均密度为 2.69~2.73 g/cm³，因此取花岗岩的剩余密度为-0.09~-0.05 g/cm³。低密度的花岗岩产生负重力异常。

表 5.4　南岭地区岩石密度统计结果[185]

岩性	密度/(g/cm³)		岩性	密度/(g/cm³)	
	范围	平均值		范围	平均值
石灰岩	—	2.70	正长岩		2.65
白云岩	2.73~2.75	2.74	基岩		2.84
页岩	—	2.53	超基性岩	—	2.91
花岗岩	2.55~2.63	2.60	玄武岩	2.75~2.84	2.80
花岗闪长岩	2.62~2.67	2.64	夕卡岩	3.09~4.12	3.27

千里山岩体位于茶陵—郴州逆冲地壳断裂带和大义山—郴州—大宝山断裂带交汇地带，该岩体矿集区是南岭花岗岩有色金属成矿最为典型的区域之一，在其周围形成了柿竹园、红旗岭、东坡及金船塘等著名的大型-超大型多金属矿床[186]（图5.19），它历来是地质工作者研究的重点。在 1∶20 万重力异常图上，千里山岩体呈显著负异常特征，并与香花岭、骑田岭及诸广山岩体负异常相连，平行茶陵—郴州梯级带形成北东向负异常带，可能与深部隐伏的岩浆迁移通道有关。图 5.20（a）为采集的千里山 1∶2 000 高精度重力剖面数据，除去浅表干扰后得到重力异常曲线。图 5.20 的剖面为南北向，布格重力异常以出露岩体为中心呈明显负异常特征，幅值达-26×10^{-5} m/s^2，异常形态南陡北缓。

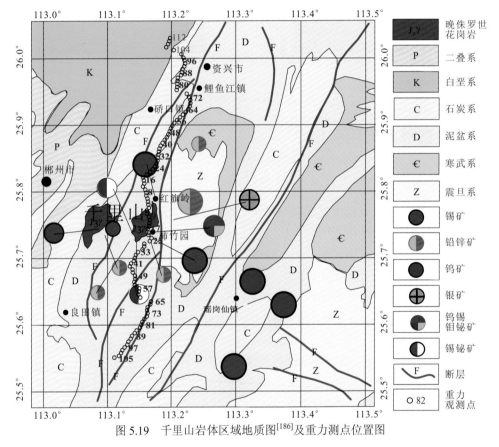

图 5.19 千里山岩体区域地质图[186]及重力测点位置图

对千里山岩体重力剖面进行蚁群算法反演时，将剖面剖分为 20 行×40 列矩形截面棱柱体单元，蚁群系统的数量为 200，信息素挥发系数为 0.7，根据该区物性统计结果取该区花岗岩剩余密度为-0.09 g/cm^3，蚁群系统搜索 30 次后收敛。图 5.20（b）是经过千里山岩体重力剖面的蚁群算法探测结果。首先，蚁群算法反演快速、收敛稳定，较好地拟合了重力观测数据[图 5.20（a）]。蚁群算法圈定的花岗岩岩体边界清晰，分布集中，揭示千里山花岗岩岩体深部规模较大，下底面延深达到 16km。说明出露岩体仅为该岩基的顶角，尤其在出露岩体的北部、毗邻茶陵—郴州逆冲地壳断裂带附近有一定的隐伏规模，推测为深部岩浆迁移通道，并形成千里山—骑田岭—香花岭构造岩浆带。

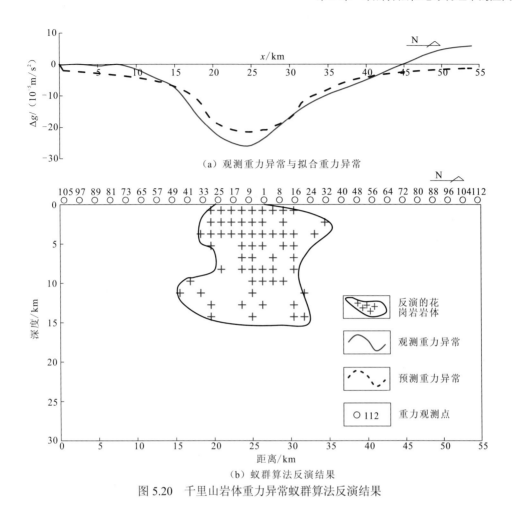

（a）观测重力异常与拟合重力异常

（b）蚁群算法反演结果

图 5.20　千里山岩体重力异常蚁群算法反演结果

对九嶷山岩体重力剖面进行蚁群算法反演时，将剖面剖分为 40×20 个矩形截面棱柱体单元，蚁群系统的数量为 200，信息素挥发系数为 0.7，根据该区物性统计结果取该区花岗岩剩余密度为-0.09 g/cm³，蚁群系统搜索 31 次后收敛。图 5.21 是九嶷山岩体区域地质图及重力和大地电磁测深测点位置图。图 5.22（b）是经过九嶷山岩体重力剖面的蚁群算法反演结果。首先，蚁群算法反演快速、收敛稳定，较好地拟合了重力观测数据[图 5.22（a）]。蚁群算法圈定的岩体边界清晰，分布集中，且与区内出露的岩体吻合。同时，大地电磁是揭示花岗岩体形态的重要手段，蚁群算法反演的结果与该剖面大地电磁测深反演结果（图 5.23）相比，所得到的岩体侵入形态接近。蚁群算法和大地电磁测深揭示，该剖面上花岗岩侵入体为 3 个岩体的组合，从南往北，该剖面上花岗岩年代分别为晚侏罗世、中三叠世及中侏罗世；最大延深达到 22 km，对应三叠纪岩体；而北部为隐伏岩体。反演结果揭示九嶷山岩体的深部形态较复杂。

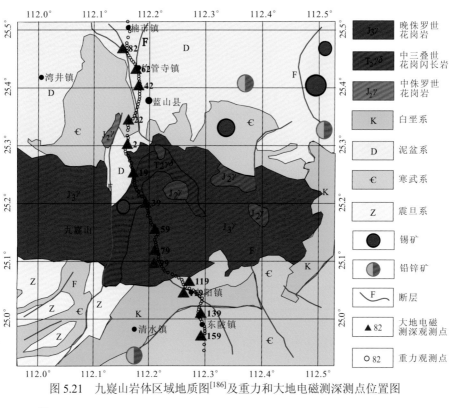

图 5.21　九嶷山岩体区域地质图[186]及重力和大地电磁测深测点位置图

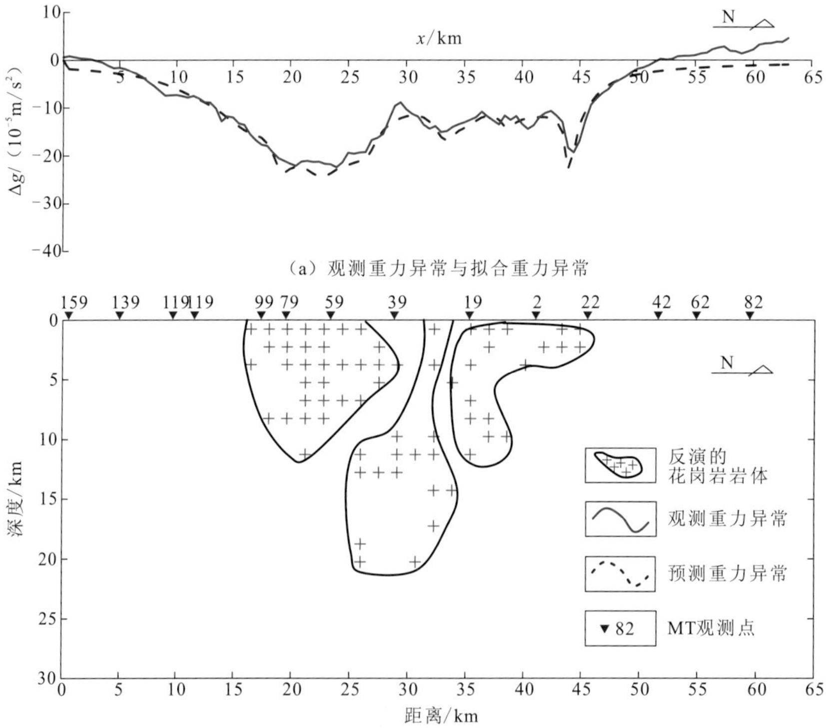

（a）观测重力异常与拟合重力异常

（b）蚁群算法反演结果

图 5.22　九嶷山岩体重力异常蚁群算法反演结果

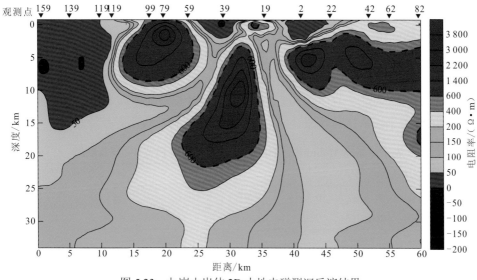

图 5.23　九嶷山岩体 2D 大地电磁测深反演结果

2. 应用实例二：南澳大利亚 Iron Mount 矿区的航磁数据反演

图 5.24 是南澳大利亚 Eyre 半岛 Iron Mount 矿区的低空航磁异常图，从中可以看出，该区包括两个主要的条带状铁矿构造（banded iron formation，BIF）单元：矿区西部（P1～P9）主要有两个磁异常带，走向为北东—南西向，这两个磁异常处在同一个构造带上，IRDD001 钻孔显示该矿体倾向为北北西向，约 70°；矿区东部（P10～P19）主要由一些规模较小的矿带组成，由于东部没有布置钻孔，矿体的倾向和产状不明。对该区地质调查表明，勘探目标 BIF 位于 Hutchinson 群 Middleback 亚群中，因晚元古代花岗岩侵入，发生变质作用而形成。

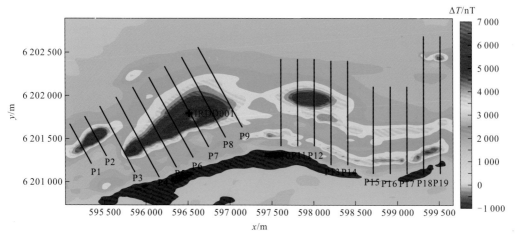

图 5.24　Iron Mount 矿区航磁异常图及剖面位置

表 5.5 是用二度板状体模型反演得到的参数。图 5.25～图 5.29 分别是剖面 P4～P8 经 2.5D 人机交互可视化反演、二度板状体模型蚁群算法反演及蚁群算法磁化率成像反演

的结果。2.5D 人机交互可视化反演，因为是可视化人机交互的，可以对模型进行任意的修改，拟合的精度高，能达到精细解释的目的。但因需要人工操作，拟合过程也很复杂，没有自动反演快速便捷的优点。P4～P8 剖面的人机交互可视化反演结果描述了主磁性体的位置和产状。对剖面 P4～P8 用一个简单的二度板状体模型去拟合观测数据，蚁群算法反演得到的总磁化强度 M_s 与 2.5D 人机交互可视化反演的差别不大，但是磁化倾角存在 10° 左右的差别。从这几幅图看，主体矿体的位置和产状两者相近。

表 5.5　Iron Mount 矿区 P4～P8 线二度板状体模型参数反演结果

剖面	$M_s/(10^{-3}A/m)$		$i_s/(°)$		水平位置 x_0/m	垂直位置 z_0/m	半宽 b/m	半长 l/m	倾角 $α/(°)$
	2.5D 可视化反演	2D 蚁群算法反演	2.5D 可视化反演	2D 蚁群算法反演					
P4	20 000	17 000	-71	-86.1	453.1	16.9	35.6	110.1	65.0
P5	30 000	33 800	-71	-83.4	448.3	16.9	28.0	101.8	64.2
P6	40 000	48 800	-71	-81.4	426.0	19.5	28.9	103.6	65.9
P7	60 000	68 100	-71	-83.8	388.0	9.0	35.6	112.3	62.8
P8	60 000	52 000	-71	-83.0	348.0	11.4	32.3	109.5	69.9

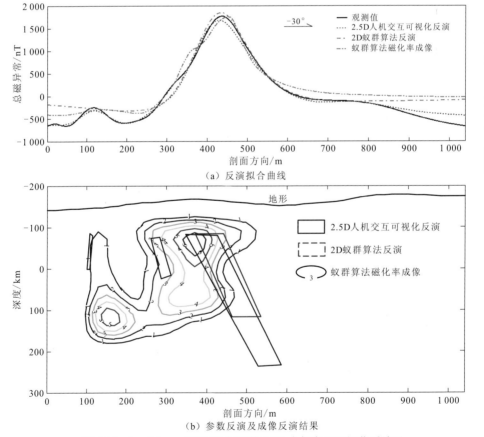

（a）反演拟合曲线

（b）参数反演及成像反演结果

图 5.25　Iron Mount 矿区 P4 剖面的 2.5D 人机交互可视化反演及蚁群算法二度板状体参数反演和磁化率成像

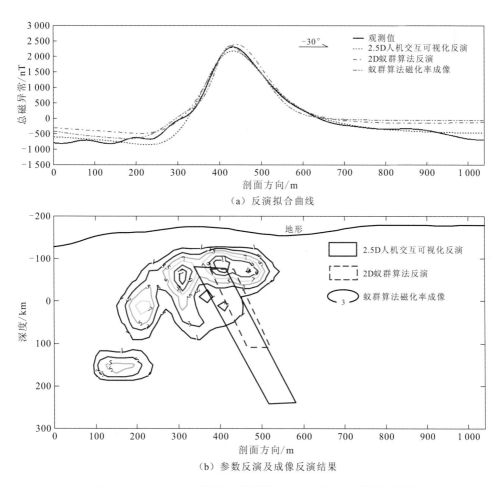

（a）反演拟合曲线

（b）参数反演及成像反演结果

图 5.26　Iron Mount 矿区 P5 剖面的 2.5D 人机交互可视化反演及
蚁群算法二度板状体参数反演和磁化率成像

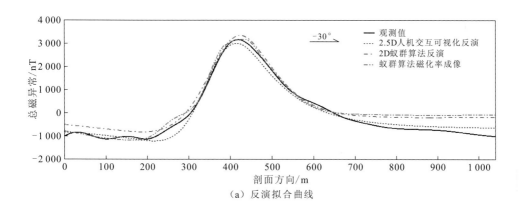

（a）反演拟合曲线

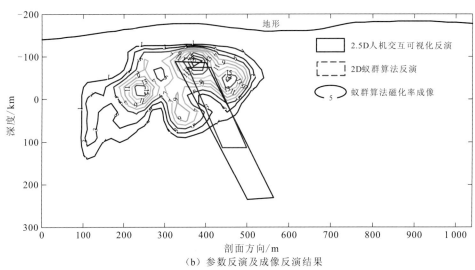

（b）参数反演及成像反演结果

图 5.27　Iron Mount 矿区 P6 剖面的 2.5D 人机交互可视化反演及
蚁群算法二度板状体参数反演和磁化率成像

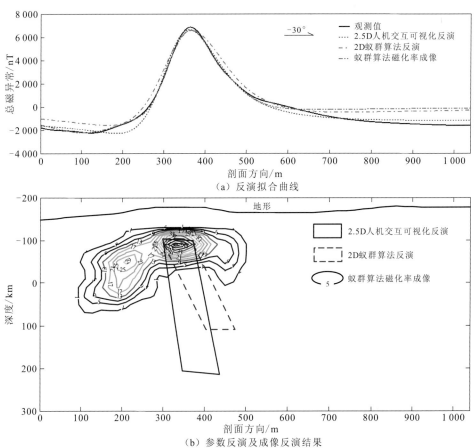

（a）反演拟合曲线

（b）参数反演及成像反演结果

图 5.28　Iron Mount 矿区 P7 剖面的 2.5D 人机交互可视化反演及
蚁群算法二度板状体参数反演和磁化率成像

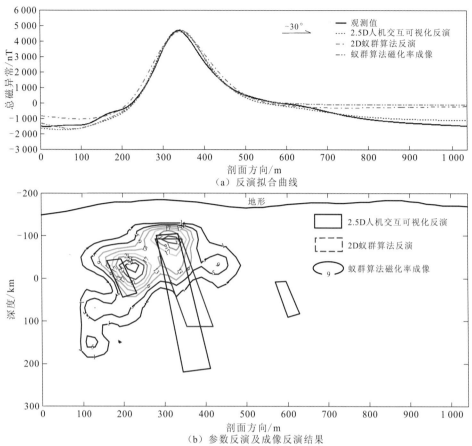

图 5.29　Iron Mount 矿区 P8 剖面的 2.5D 人机交互可视化反演及
蚁群算法二度板状体参数反演和磁化率成像

在 P4～P7 剖面，蚁群算法自动反演的条带状铁矿构建的水平位置、上顶埋深与 2.5D 人机交互的结果一致。蚁群算法反演铁矿体延伸平均大约 210 m，而人机交互可视化反演延伸平均约 370 m，两者差别较大。因为 200 m 以下深度的铁矿体在地表的磁异常响应微弱，200 m 以下的铁矿体勘探的可靠性低。

3. 应用实例三：新疆蒙库铁矿区井地磁测数据联合反演

蒙库铁矿床是新疆大型铁矿床之一。蒙库铁矿床位于西伯利亚板块的阿尔泰活动陆缘麦兹晚古生代陆内裂谷盆地，并产于该盆地北东缘的中部，即麦兹倒转紧闭复式向斜的北东倒转翼中部[图 5.30（a）]。含矿地层为下泥盆统康布铁堡组的下亚组，铁矿体严格受北西走向的铁木下尔衮次级紧闭向斜构造控制，并产于向斜构造的核部。控矿断层可能是由铁木下尔衮次级紧闭向斜和巴塞区域性断裂联合作用产生的次级断裂构造。蒙库铁矿床的赋矿围岩主要为区域变质作用产生的角闪质片麻岩，局部可见断裂混合岩化现象。近矿围岩蚀变甚弱，主要表现为夕卡岩岩化作用，出现了石榴子石、绿帘石、钙铁辉石、透闪石等夕卡岩矿物。其成因类型属喷流沉积-变质改造-岩浆热液叠加富集型多因复成铁矿床[187-190]。

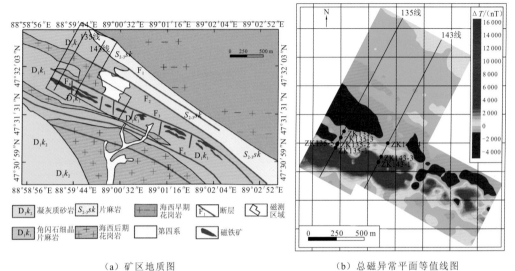

（a）矿区地质图 　　　　　　　　　（b）总磁异常平面等值线图

图 5.30　新疆蒙库铁矿平面地质图[189, 190]和总磁异常（ΔT）平面等值线图

表 5.6 是蒙库铁矿区岩（矿）石磁性参数统计结果。该区磁铁矿具有很强磁性，高品位富磁铁矿总磁化强度约 120000×10^{-3} A/m，低品位贫磁铁矿总磁化强度约 50000×10^{-3} A/m。而围岩（变粒岩、角闪变粒岩）具有较弱磁性，总磁化强度为 $(2000 \sim 6000) \times 10^{-3}$ A/m。矿体与围岩的明显物性差异为该区使用磁法进行直接找矿提供了良好条件。磁铁矿和围岩的感剩比 (M_i/M_r) 分别约为 2.3 和 2.8，说明该区磁铁矿和围岩的剩磁不强，总磁化强度以感磁为主，总磁化强度方向基本沿着地磁场方向。该区地磁倾角为 67°，地磁偏角为 3°，正常地磁场强度为 58110 nT。

表 5.6　蒙库铁矿区岩（矿）石磁性参数统计结果

岩矿石名称	标本数	磁化率 $\kappa/(4\pi \times 10^{-6}\,\mathrm{SI})$	感应磁化强度 $M_i = \kappa T_0/(10^{-3}\,\mathrm{A/m})$	剩余磁化强度 $M_r/(10^{-3}\,\mathrm{A/m})$
磁铁矿（富矿）	37	144 000	83 700	3 7100
磁铁矿（贫矿）	30	62 800	36 500	1 5100
黑云角闪片麻岩	25	4 500	2 600	820
条带状角闪变粒岩	44	4 450	2 590	1 240
变粒岩	44	3 100	1 800	720
角闪变粒岩	24	6 600	3 800	2 000
黑云角闪斜长片麻岩	21	7 600	4 400	930
角闪变粒岩	40	1 855	1 078	418

图 5.30（b）是蒙库铁矿区地面总磁异常（ΔT）等值线图。总磁异常呈条带状分布，从北西向南东延伸，主要集中在工区西南部。总磁异常的最大值达到 16000 nT。在此选择 135 线和 143 线的地面总磁异常磁测进行反演，该处磁铁矿矿体的规模和产状已被钻

孔控制。

135 线和 143 线位于矿区的西部和中部[图 5.31（b）]。这两剖面分别经过 6 个钻孔和 3 个钻孔。135 线的 ZK135-3、ZK135-4、ZK135-6 和 143 线的 ZK143-1、ZK143-3、ZK143-4 已经完成了井中三分量磁测,点距 5~10 m,总深度 3 km[图 5.31(b)和 5.32(b)]。在地面 135 线和 143 线也有 120 个观测点，间距为 5 m[图 5.31（b）和 5.32（b）]。

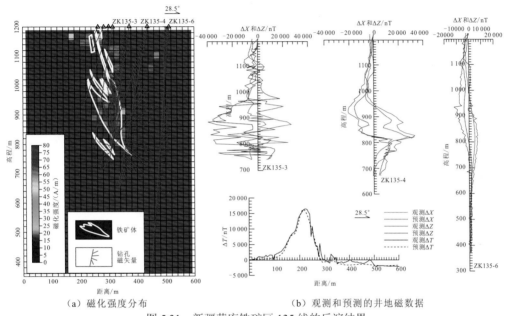

（a）磁化强度分布　　　　　　（b）观测和预测的井地磁数据

图 5.31　新疆蒙库铁矿区 135 线的反演结果

在此使用地面总磁异常（ΔT）和井中 ΔX 和 ΔZ 分量基于蚁群算法来反演磁化强度的分布。同时，将钻探的磁铁矿矿体信息作为先验约束信息加入反演过程。135 线和 143 线地下介质划分为许多 20 m×20 m 的正方形。135 和 143 线的反演结果如图 5.31 和图 5.32

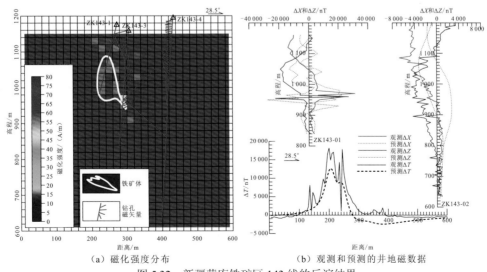

（a）磁化强度分布　　　　　　（b）观测和预测的井地磁数据

图 5.32　新疆蒙库铁矿区 143 线的反演结果

所示。首先，蚁群算法平均迭代数百次后收敛，预测的磁数据与观测到的地表磁异常和井中磁异常精确拟合；计算效率和稳定性良好。此外，蚁群优化算法反演得到的磁化强度分布具有明显的物理边界。反演结果与钻孔推断的磁铁矿矿体基本吻合。135 线的磁化强度分布显示，厚磁性矿体出现在海拔 $800\sim1\,000$ m，倾向大约东北 $80°$。反演的形状、出现位置与真实数据的对应特征一致[图 5.31（a）]。143 线采用蚁群算法联合约束反演，反演的深度、形状和位置也与实际钻井结果较吻合（图 5.32）。恢复的磁化强度达到 $80\,\mathrm{A/m}$，与统计的磁性特征吻合（表 5.6）。总之，在蒙库铁矿床实例研究中，基于蚁群算法的井地磁测联合和约束反演与钻井信息吻合良好。利用井中磁测资料和岩性测井资料，可以更准确地恢复磁源的深度、形状、赋存情况和物理性质。井中磁测资料提高了垂向分辨率。加入钻井岩性测井资料作为约束信息，减少了地球物理的非唯一性。蚁群算法还能得到清晰的物理性质分布情况。

4. 应用实例四：青海省尕林格矿区磁铁矿勘查

有关青海省尕林格矿区的地质概况及矿石性质见第 3 章 3.1 节。

当反演二维磁铁矿的分布时，蚁群优化算法的参数设置为：蚂蚁数量为 200，挥发系数为 0.7。212 线和 196 线被剖分为 40 列×20 行 =800 个网格单元。通过物性参数统计，该区磁铁矿的平均磁化强度为 $40\,\mathrm{A/m}$，剩磁较弱，磁化强度方向平行于地磁场方向。212 线和 196 线磁异常观测的点距为 20 m，均有 61 个观测点。本书使用二进制离散反演方法反演磁铁矿的分布。

图 5.33 和图 5.34 分别是 212 线和 196 线的反演结果。通过 63 次和 112 次迭代，蚁群系统收敛，预测数据拟合观测数据。212 线和 196 线的反演结果均显示，磁铁矿矿体

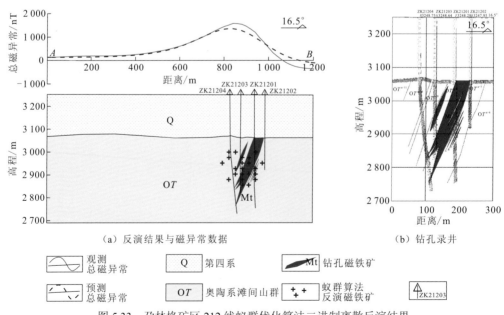

（a）反演结果与磁异常数据　　　　　　（b）钻孔录井

图 5.33　尕林格矿区 212 线蚁群优化算法二进制离散反演结果

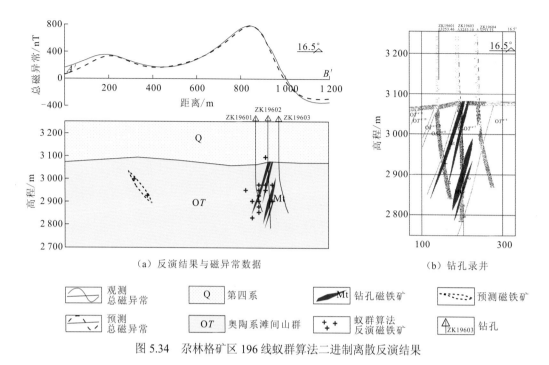

（a）反演结果与磁异常数据　　　　　　（b）钻孔录井

| 观测总磁异常 | Q | 第四系 | Mt | 钻孔磁铁矿 | | 预测磁铁矿 |
| 预测总磁异常 | OT | 奥陶系滩间山群 | +++ | 蚁群算法反演磁铁矿 | ZK19603 | 钻孔 |

图 5.34　尕林格矿区 196 线蚁群算法二进制离散反演结果

往南西向倾 60°～80°，高程 2 800～3 080 m，上顶埋深约 200 m，蚁群算法反演结果与钻孔控制的磁铁矿一致[图 5.33（b）和图 5.34（b）]。蚁群算法体现较好的反演效果。

5.2　蚁群算法在电法中的应用

蚁群算法应用于地球物理电法反演方面鲜有相关研究报道。对此，王书明[45]在地球物理资料非线性反演方法讲座中提出来蚁群算法在大地电磁反演中的应用。

基于网格划分策略的连续域蚁群算法，设大地电磁记录为 $R_a(n)$，地电断面是水平均匀分层，地下地层电阻率序列为 $R_c(n)$ 和地层厚度序列 $h_c(n)$，并设有 N_A 只人工蚂蚁寻找 N_A 组电阻率序列和地层厚度序列，最终估计出每层中的电阻率和深度范围。反演初始模型采用估计法，即根据视电阻率曲线及经验估计出初始地层层数和各层电阻率及深度。并采用不同频点下的相对误差的平方和作为目标函数，即

$$f = \sum_{i=1}^{N} \left(\frac{R_{ai} - R_{ci}}{R_{ai}} \right)^2 \tag{5.13}$$

式中：R_{ai} 和 R_{ci} 为周期 T_i 实测视电阻率和模型视电阻率；N_i 为周期个数。f 越小表明所求模型响应值越接近实测值。并根据蚁群算法的状态转移方程和轨迹更新方程进行迭代，进而得到全局最优解。王书明等[45]利用不同类型的三层、四层和五层模型对蚁群算法进行了验算，其中三层模型的反演结果见表 5.7。试验结果表明，通过选择适当的反演参数，蚁群算法可稳定收敛，反演结果逼近理论模型。

表 5.7　蚁群算法三层模型反演结果[45]

参数	$R_1/(\Omega \cdot m)$	$R_2/(\Omega \cdot m)$	$R_3/(\Omega \cdot m)$	h_1/m	h_2/m
模型值	50	100	10	500	1 400
搜索范围	1～100	1～150	1～20	1～1 000	1～3 000
反演结果	50.57	101.02	10.24	503.31	1 345.74

5.3　蚁群算法在地震资料反演中的应用

5.3.1　地震波阻抗蚁群算法反演

波阻抗反演就是从常规的反射系数序列出发，求模型响应和地震记录的拟合差目标函数的极值问题。首先根据非线性反演方法及蚁群算法的特点，设地震道的地震记录为 $S(n)$，而由地下地层组成的波阻抗剖面的反射系数序列为 $r(n)$。并且假设有 N_A 只人工蚂蚁作为模拟反射系数来寻找各自的反射系数序列，将每一个反射系数对应的点作为一个模拟的城市，并且将 t' 时刻各反射系数对应的值按如下的概率来进行调整[55]：

$$P_{i-1,j}^{i,k}(t') = \frac{[\tau_{i,k}(t')]^a [\eta_{i,k}(t')]^b}{\sum\limits_{t'=1}^{N} [r_{i,k}(t')]^a [\eta_{i,k}(t')]^b} \tag{5.14}$$

式（5.14）和第 4 章式（4.6）形式一样，只不过在实际反演中把 t' 时刻的信息素浓度换成反射系数，其他参数意义一样。

之后对目标函数进行反演，反射系数进行更新，信息的更新过程与基于信息的概率选择过程是一个正反馈的过程，加入信息素的挥发机制后，在充分保证反演得到最优解的同时，又能够使得搜索不至于快速收敛到局部解，并且保证了该方法的快速性。

陈双全等[58]通过设计 19 层的波阻抗模型，选用主频为 30 Hz 的零相位的雷克子波合成地震记录，并用蚁群算法进行反演，反演前后的地震记录相似系数达到了 99.98%。在对于没有加入噪声的情况下，用该方法完全反演出了原来的波阻抗剖面，得到了十分满意的结果，证实了蚁群算法用于地震资料反演的可行性。

5.3.2　蚁群算法 AVO 反演方法

在进行 AVO 岩性参数反演时，观测值为从野外地震记录中提取的 AVO 数据，它与界面两侧岩性参数有关，理论 AVO 值可用近似式（5.15）得出，即

$$r(\overline{\theta}_R) = \frac{1}{2}\left(1 + \tan^2 \overline{\theta}_R\right)\frac{\Delta Z_P}{Z_P} - 4\left(\frac{V_S}{V_P}\right)^2 \frac{\Delta Z_S}{Z_S}\sin^2 \overline{\theta}_R + \left[2\left(\frac{V_S}{V_P}\right)^2 \sin^2 \overline{\theta}_R - \frac{\tan^2 \overline{\theta}_R}{2}\right]\frac{\Delta \rho}{\rho} \tag{5.15}$$

式中：$r(\overline{\theta}_R)$ 为反射系数；$\overline{\theta}_R$ 为上、下介质的平均入射角；V_P、V_S、ρ 分别为纵波速度、

横波速度和密度；Z_p 为纵波阻抗；Z_s 为横波阻抗。

目标函数为实际反射系数和计算理论模型得到的反射系数之间的拟合差。图 5.35 为基于蚁群算法的非线性 AVO 反演流程图。

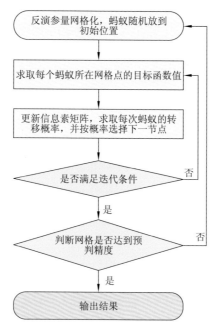

图 5.35　基于蚁群算法的非线性 AVO 反演流程图[32]

严哲等[32]为了验证蚁群算法的有效性和可靠性，进行了模型数据的反演试验，反演结果显示纵波速度和横波速度的反演精度都很高，结果基本和模型数据吻合。但是由于算法在地震 AVO 领域尚未深入，算法的收敛性还有待进一步研究。

5.3.3　基于蚁群算法的地震子波估计

基于蚁群算法的地震子波估计是一种新的估计地震子波相位的方法。该方法通过结合根变换方式和蚁群算法，使用测井信息约束，以相关系数作为评价准则，达到对依赖于频率的混合相位地震子波的准确估计。

在实际资料的地震子波估计中，子波的振幅谱估计一般相对准确，而相位谱却难以准确确定。考虑到测井资料提供了井所在位置处较为准确的地质信息，在地震子波振幅谱估计准确的前提下，讨论常相位转换和根变换两种子波相位谱的估计方式，以测井资料为约束，通过使合成地震记录与井旁地震道达到最佳匹配的方式来获得最佳子波估计。

常相位转换可以通过相位扫描的方式来实现，其计算量一般不大，但应用条件比较苛刻。根变换方式虽然比较符合实际子波的相位条件，但其计算量巨大，难以应用到实际资料处理中。为此，通过引入蚁群算法，采用全局优化策略处理子波相位问题，有效地减小了计算量，实现了根变换子波相位谱估计的快速收敛，并且对扫描根的个数没有严格限制，扩大了现有方法的应用范围。由于子波相位的全局收敛，该方法还能提升现有方法的井震匹配精度，特别是弱信号的井震匹配。

1. 子波分解

设混合相位子波 $w(t)$ 的离散形式为 $(w_0, w_1, \cdots, w_N)$，根据 Z 变换和反 Z 变换性质，该子波可描述为

$$
\begin{aligned}
w(t) &= Z^{-1}\left[w_N(z-\alpha_1)(z-\alpha_2)\cdots(z-\alpha_N)\right] \\
&= w_N(-\alpha_1,1)*(-\alpha_2,1)*\cdots*(-\alpha_N,1)
\end{aligned}
\tag{5.16}
$$

式中：$Z^{-1}[\bullet]$ 为逆 Z 变换；$\alpha_n(n=1,2,\cdots,N)$ 为 $w(t)$ 经过 Z 变换后其多项式的根；$*$ 为褶积运算。明显地，子波序列可由一系列二元子波的褶积运算得到。在频率域，子波 $w(t)$ 的相位谱等于所有这些二元子波相位谱之和。因此，当子波经过 Z 变换后其多项式的某一个实根或某一对共轭复根发生改变时，该子波的相位也会随之改变。具体地，当式（5.16）中的二元子波 $(-\alpha_i,1)$ 被 $\left|\overline{\alpha_i}\right|\left(-\dfrac{1}{\alpha_i},1\right)$ 代替时，即将子波 Z 变换后的根做关于单位圆的对称变换时，子波的振幅谱不发生变化，仅相位谱发生变化。因此，通过不同的根变换组合方式，就可以得到一系列具有相同振幅谱不同相位谱的子波。一般情况下，假设实根共有 N_r 个，共轭复根共有 N_c 对，则相应的具有相同振幅谱不同相位谱的子波的个数 N_w 最多为

$$
N_w = C_{N_r+N_c}^0 + C_{N_r+N_c}^1 + \cdots + C_{N_r+N_c}^{N_r+N_c} = 2^{N_r+N_c}
\tag{5.17}
$$

其中：$C_n^m = \dfrac{n!}{m!(n-m)!}$，$!$ 表示阶乘。

2. 移根模式

已知子波的振幅谱，通过希尔伯特（Hilbert）变换或柯尔莫哥洛夫（Kolmogorov）方法，可以给定一个最小相位子波。假设该最小相位子波 Z 变换的实根和虚部大于 0 的复根分别为 $(\beta_1, \beta_2, \cdots, \beta_{Nr})$ 和 $(\gamma_1, \gamma_2, \cdots, \gamma_{Nc})$，则通过变换子波的根 β_i 和 γ_i 为 $1/\beta_i$ 和 $1/\gamma_i$ 时，通常能给出 $2^{N_r+N_c}$ 个具有相同振幅但相位谱不同的地震子波。此时，子波相位的估计问题可看成从 $2^{N_r+N_c}$ 个子波库中搜索出一个能使井震关系最为匹配的混合相位子波问题。一般地，N_r+N_c 通常会超过 30。如果采用穷举扫描的方式，至少有 2^{30} 个子波去搜索，这是一个巨大的数字，进而计算花费会很大。事实上，搜索最佳子波相位的过程可看成一个从集合 $[(\beta_1, 1/\beta_i), \cdots, (\beta_{Nr}, 1/\beta_{Nr}), (\gamma_1, 1/\gamma_1), \cdots, (\gamma_{Nc}, 1/\gamma_{Nc})]$ 中挑选出 N_r+N_c 个根的过程。值得注意的是，选取根的原则是只能从 $(\beta_i, 1/\beta_i)$ 中选一个根，也只能从 $(\gamma_i, 1/\gamma_i)$ 中选一个根。这一过程正好类似蚂蚁觅食寻找最佳路径的方式。因此，可以考虑采用蚂蚁的群体协作来完成子波根组合的寻优，进而达到解决子波相位估计或混合相位子波估计的问题。通过信息素控制的启发式搜索，蚁群算法有快速收敛到全局解的能力。为了将这样一个物理域的问题变得可用蚁群算法操作的计算域问题，首先需要对其进行编码。反过来，将计算域得到的信息返回到物理域，需要对其进行解码。通过这种交互的方式，就

可以实现子波相位的更新，并最终得到一个最佳子波相位。

图 5.36 为 $N_r=1$ 和 $N_c=4$ 的编码和解码示意过程。根据 N_r 和 N_c 的数量，可设计 $(N_r+N_c)\times 2=10$ 个"城市"，这些城市共分为 $N_r+N_c+1=6$ 层。除了第一层只有一个起始"城市"外，第二层标记为"1"和"2"的两个城市节点分别代表 β_i 和 $1/\beta_i$ 这 2 个根，剩下的第三层到第六层里标记为"1"的城市节点代表单位圆外的复根 $\gamma_i (i=1,2,3,4)$，而第三层到第六层里标记为"2"的城市节点代表单位圆内的复根 $1/\gamma_i$ $(i=1,2,3,4)$。编码后，蚁蚁就能通过释放在城市之间路径上的信息素来影响其他蚁蚁的活动，进而导致群体搜索出一条最佳路径。当蚁群最后搜索出一条最佳路径（如图中红线所示）后，就能将连接最佳路径的城市节点 $(1,2,1,2,1)$ 解码成相对应的子波的根 $(\beta_1, 1/\gamma_1, \gamma_2, 1/\gamma_3, \gamma_4)$，然后通过反 Z 变换[式（5.16）]可获得最佳的混合相位子波。

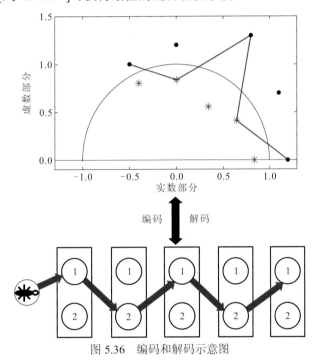

图 5.36　编码和解码示意图

从图 5.36 中上图根的分布到下图的城市模型被定义为编码。编码能将物理空间的根的最佳组合问题映射到计算空间的蚁蚁寻找最佳路径的城市节点问题；反过来，从下图到上图定义为解码。解码是将每个蚁蚁走过的路径上的城市节点映射成子波的根的一种组合形式。下图中从左到右的各层对应上图从小的极角到大的极角的根。城市编号 1 表示选单位圆外的根，而城市编号 2 表示选单位圆内的根。它们没有具体数的概念。图 5.36 中下图红色连线上的城市节点表示选取的最佳城市，则上图表示由该红色连线上的城市节点解码出的最佳混合子波的根。

3. 适应度函数及算法流程

蚁群算法中的适应度函数一般为目标函数，这里将其设置为井震匹配度，即合成地震记录与井旁地震道的相关系数：

$$obj=\max\left\{xcorr\left[w^i(t)*r(t),s(t)\right]\right\} \tag{5.18}$$

式中：$\max\{\cdot\}$为取极大值，xcorr 为计算相关系数。

　　利用多项式求解的方式由移根编码对应的根得到子波后，就可以根据式（5.18）估计井震匹配的相关系数，最大相关系数对应的子波相位谱即为最佳地震子波相位谱。

　　图 5.37 为非线性井约束地震子波估计算法流程图。首先利用谱模拟或自相关等方法估计子波振幅谱，进而估计最小相位子波，或者利用其他统计性方法估计最小相位地震子波。将该子波作为初始值，计算其 Z 变换的根并进行移根编码。然后按照蚁群算法的启发式觅食策略生成子波集合作为初始种群，对子波集进行解码，计算适应度函数（即井震匹配度），即井震匹配相关系数，如果当前迭代中的相关系数的极大值满足设定条件，则迭代终止。否则，利用蚁群算法更新子波相位，重复以上步骤，直到满足条件为止。

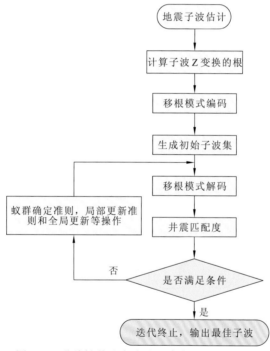

图 5.37　非线性井约束地震子波估计迭代流程图

4. 模型测试分析

　　首先，使用一个伯努利-高斯（Bernoulli-Gaussian）型反射系数模型[图 5.38（a）]与一个混合相位子波褶积得到的地震道[图 5.38（b）]去检测蚁群算法的有效性和稳定性。这里，子波、反射系数序列和地震记录的采样间隔均为 2 ms。图 5.38（c）是真实的混合相位子波、通过常相位扫描估计的最佳子波和通过蚁群算法搜索的最佳混合相位子波之间的比较。采用不同的随机种子，蚁群算法共估计了 100 个最佳子波。由图 5.38 可看出，这 100 个最佳混合相位子波的波形与真实的混合相位子波是基本重合在一起的。这表明在子波振幅谱已知的情况下，蚁群算法能稳定地收敛到真实子波的相位谱。但是，由于合成记录所用子波的相位并非为一个常数，常相位扫描估计的最佳混合相位子波与真实混合相位子波出现了较大差异。图 5.38（d）是真实混合相位子波和采用蚁群算法估计的 100 个最佳混合相位子波的根的分布。图 5.38（e）是蚁群算法 100 次试验估计的最

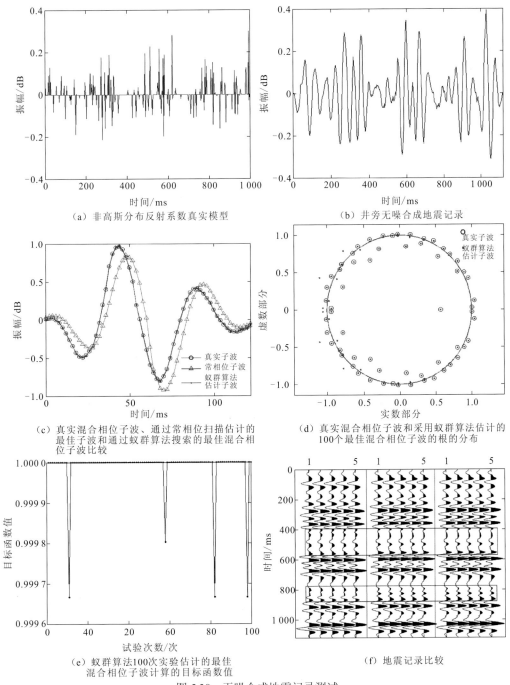

（a）非高斯分布反射系数真实模型

（b）井旁无噪合成地震记录

（c）真实混合相位子波、通过常相位扫描估计的最佳子波和通过蚁群算法搜索的最佳混合相位子波比较

（d）真实混合相位子波和采用蚁群算法估计的 100 个最佳混合相位子波的根的分布

（e）蚁群算法100次实验估计的最佳混合相位子波计算的目标函数值

（f）地震记录比较

图 5.38　无噪合成地震记录测试

佳混合相位子波与反射系数褶积的结果与真实地震记录之间的相关系数。由图 5.38（d）和图 5.38（e）可知，100 次试验仅有 4 次试验没有完全收敛，导致了蚁群算法 100 次试验估计的混合相位子波与真实子波的根的分布并不完全重合。这些不重合的根主要出现在单位圆的左侧区域，也对应了子波的高频部分（约大于 100 Hz）。从统计角度来说，蚁群算法扫描子波的低频相位（约小于 100 Hz）要比高频相位更加稳定，且该方法对低频相位更新较高频相位更新更加敏感。图 5.38（f）是通过常相位扫描估计的最佳混合算法子波与反射系数褶积合成的记录（左）、真实记录（中）和通过蚁群算法搜索的最佳混合算法子波（取了 100 次试验中第 1 次试验的结果）与反射系数褶积合成的记录（右）之间的比较。其中，通过常相位扫描估计的最佳子波与反射系数褶积合成的记录与真实地震记录的相关系数为 0.85，而通过蚁群算法搜索的最佳混合相位子波与反射系数褶积合成的记录与真实地震记录的相关系数为 1。由图 5.38（f）和相关系数大小可知，蚁群算法搜索的最佳混合相位子波与反射系数褶积合成的记录与真实记录完全匹配，但是通过常相位扫描估计的最佳混合相位子波与反射系数褶积合成的记录与真实记录仍有差异，特别是弱反射信号的波形有较大差异，如图 5.38（f）中的 400～600 ms 和 800～900 ms 的蓝色矩形框所示。

对于非高斯型反射系数模型，蚁群算法能够稳定地搜索到全局最优解，即最佳混合相位子波，在弱信号识别方面该方法明显优于常相位扫描估计子波方法。

另外，对第一个例子的地震数据图[图 5.38（b）]添加 20% 的随机噪声，该随机噪声的最高频率为 80 Hz。加噪前后的数据[图 5.39（a）]被放在了一起进行比较。明显地，与无噪数据比较，它们之间的波形有较大差异，且这种差异不是随机分布的。图 5.39（b）是真实混合相位子波、通过常相位扫描估计的最佳子波和通过蚁群算法搜索的最佳混合相位子波之间的比较。相比于无噪情况，尽管蚁群算法搜索的 100 个最佳混合相位子波的波形与真实的混合相位子波的波形在局部区域出现了振幅和相位的变化，但是整体的波形仍然与真实的混合相位子波非常接近。相比于估计的常相位子波，蚁群算法 100 次试验估计的最佳子波的结果均比常相位扫描出来的最佳子波结果要好。图 5.39（c）是真实混合相位子波和采用蚁群算法估计的混合相位子波的根的分布。相比于无噪情况[图 5.38（d）]，100 次试验的根的分布与真实混合相位子波的根的分布重合率更低。除了在高频部分（约大于 100 Hz）的 100 个子波的根与真实混合相位子波的根没有完全重合外，在约 30 Hz 和约 60 Hz 的两对离单位圆很近的根也与真实混合相位子波的根不一致，如图 5.39（c）中箭头所示。图 5.39（d）是蚁群算法 100 次试验的最佳混合相位子波合成记录与原始记录之间的相关系数。由图 5.39（d）可知，100 次试验得到的最佳相关系数一致性差。相比于无噪情况，除了相关系数要低 12% 外，其稳定性也相对较差。图 5.39（e）是通过常相位扫描估计的最佳子波与反射系数褶积合成的记录（第 1 个 5 道）、真实地震记录（第 2 个 5 道）和通过蚁群算法搜索的最佳混合相位子波（取了 100 次试验中第 7 次试验的结果）与反射系数褶积合成的记录（最右边 5 道）之间的比较。其中，通过常相位扫描估计的最佳混合相位子波与反射系数褶积合成的记录与真实地震记录的相关系数约为 0.82，而通过蚁群方法搜索的最佳混合相位子波与反射系数褶积合成的记录与真实地震记录的相关系数约为 0.88。由图 5.39（e）和相关系数大小可知，蚁群算法搜索的最佳混合相位子波与反射系数褶积合成的记录和通过常相位扫描估计的最佳混合相位子波与反射系数褶积合成的记录与含噪真实地震记录（第 3 个 5 道）差异较大，但与无噪真实地震记录匹配性好，这说明了这两种方法有一定的抗噪性。从弱反射信号井震匹配的角度来说，非常相位扫描相对于常相位扫描要更好一些，如图 5.39（e）中的 400~600 ms 和 800~900 ms 的蓝色矩形框所示。

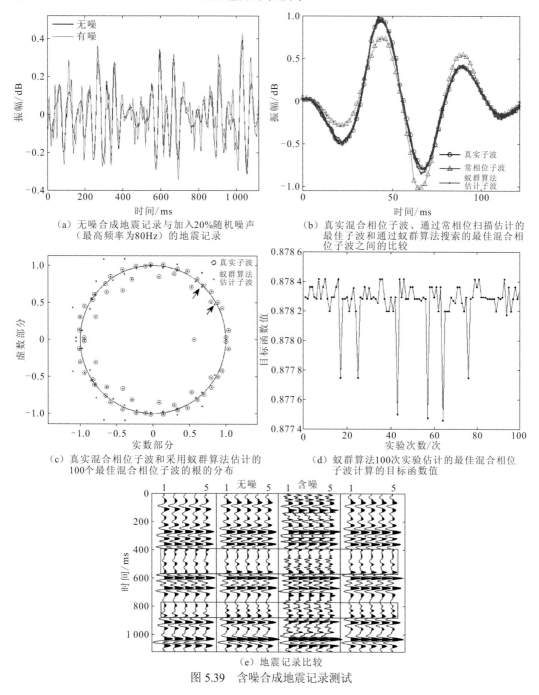

（a）无噪合成地震记录与加入20%随机噪声（最高频率为80Hz）的地震记录

（b）真实混合相位子波、通过常相位扫描估计的最佳子波和通过蚁群算法搜索的最佳混合相位子波之间的比较

（c）真实混合相位子波和采用蚁群算法估计的100个最佳混合相位子波的根的分布

（d）蚁群算法100次实验估计的最佳混合相位子波计算的目标函数值

（e）地震记录比较

图 5.39　含噪合成地震记录测试

对于存在有色噪声的合成资料，蚁群算法仍然能够得到较为准确的地震子波相位，即最佳混合相位子波，在弱信号井震匹配方面该方法明显优于常相位扫描估计子波方法。

最后，对一个高斯型反射系数模型[图 5.40（a）]进行测试。相比第一个例子，这个例子仅将非高斯型反射系数模型改为了高斯型反射系数模型。图 5.40（b）是真实的混合相位子波、通过常相位扫描估计的最佳子波和通过蚁群算法搜索的最佳混合相位子波之间的比较。同第一个例子，在这里得到了同样的认识。这也表明蚁群算法不依赖于地下

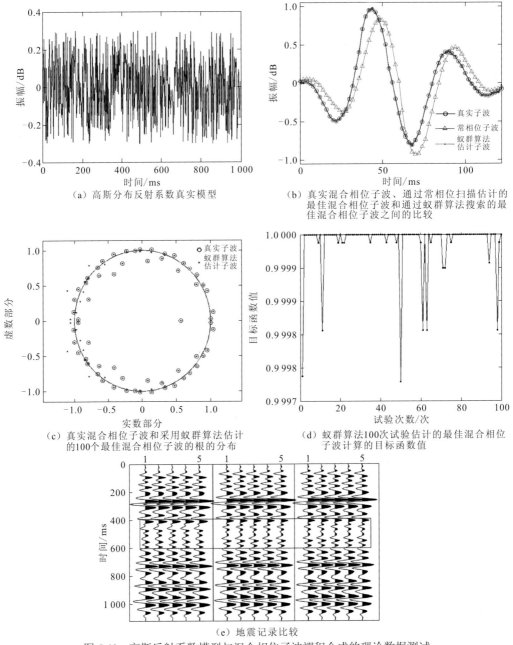

（a）高斯分布反射系数真实模型

（b）真实混合相位子波、通过常相位扫描估计的最佳混合相位子波和通过蚁群算法搜索的最佳混合相位子波之间的比较

（c）真实混合相位子波和采用蚁群算法估计的100个最佳混合相位子波的根的分布

（d）蚁群算法100次试验估计的最佳混合相位子波计算的目标函数值

（e）地震记录比较

图 5.40 高斯反射系数模型与混合相位子波褶积合成的理论数据测试

的地质模型。从 100 次根的分布[图 5.40（c）]和目标函数值[图 5.40（d）]来看，相比于非高斯型反射系数模型情况下估计的子波来说，对高斯型反射系数模型情况下的子波剩余相位估计相对不稳定一点，主要体现在子波的高频成分（约大于 100 Hz）。图 5.40（e）是通过常相位扫描估计的最佳子波与反射系数褶积合成的记录（左）、真实地震记录（中）和通过蚁群算法搜索的最佳混合相位子波（取了 100 次试验中第 2 次试验的结果）与反射系数褶积合成的记录（右）之间的比较。其中，通过常相位扫描估计的最佳子波与反射系数褶积合成的地震记录与真实地震记录之间的相关系数约为 0.86，而通过蚁群算法搜索的最佳混合相位子波与反射系数褶积合成的记录与真实地震记录之间的相关系数为 1。由图 5.40（e）和相关系数大小可知，蚁群算法搜索的最佳混合相位子波与反射系数褶积的合成记录与真实地震记录完全匹配，但是通过常相位扫描估计的最佳子波与反射系数褶积合成的记录与真实地震记录仍有差异，特别是弱反射信号的波形有较大差异，如图 5.40（e）中 400～600 ms 的蓝色矩形框所示。

对于高斯型反射系数模型，蚁群算法能够稳定地搜索到全局最优解，即最佳混合相位子波，并且在弱信号井震匹配方面该方法明显优于常相位扫描估计子波方法。

5. 实际资料分析

用一个过井资料去测试蚁群算法的应用效果。在图 5.41（a）中，中间竖直的黑线表示声波阻抗曲线，主要目的是计算反射系数。采用图 5.41（a）中的所有地震道（共 195 道）去估计一个光滑的地震子波振幅谱，然后根据希尔伯特变换估计一个最小相位子波，对这个子波的多项式进行求根，并依据这些根去设计编码和解码策略，最后就可采用蚁群算法进行优化，求解出最佳混合相位子波。

为了测试蚁群算法对处理实际资料的稳定性，在此使用不同的随机种子分别做了 100 次试验。100 次试验估计的 100 个最佳混合相位子波如图 5.41（b）所示，它们几乎重合成一条曲线，且与通过常相位扫描估计的最佳子波在整体波形趋势上有一定的相似性。图 5.41（c）是采用蚁群算法估计的 100 个最佳混合相位子波的根的分布。图 5.41（d）是蚁群算法估计的最佳混合相位子波与反射系数褶积的结果与真实地震记录之间的相关系数。图 5.41（c）和图 5.41（d）进一步说明了用蚁群算法来估计该实际资料的地震子波是非常稳定的。

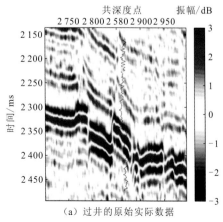

（a）过井的原始实际数据

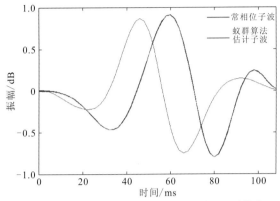

（b）常相位扫描估计的常相位子波和蚁群算法
估计的100个最佳混合相位子波之间的比较

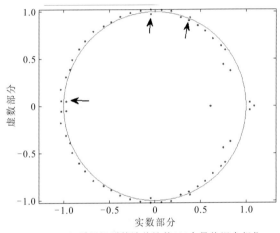

（c）采用蚁群算法估计的100个最佳混合相位
子波的根的分布

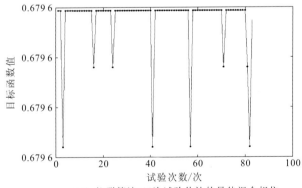

（d）蚁群算法100次试验估计的最佳混合相位
子波计算的目标函数值

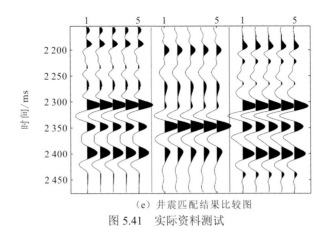

（e）井震匹配结果比较图

图 5.41　实际资料测试

图 5.41（e）是通过常相位扫描估计的最佳子波与测井数据导出的反射系数褶积合成的记录（左）、井旁地震道（中）和通过蚁群算法搜索的最佳混合相位子波（取了 100 次试验中第 1 次试验的结果）与测井数据导出的反射系数褶积合成的记录（右）之间的比较。其中，常相位扫描估计的最佳常相位子波合成记录与真实地震记录之间的相关系数约为 0.62，而蚁群算法搜索估计的最佳混合相位子波合成记录与真实地震记录之间的相关系数约为 0.68。可以看到，常相位扫描估计的最佳子波的井震匹配度已经很高了，但蚁群算法搜索估计的最佳混合相位子波的井震匹配度又有所提高，这是因为实际中的地震子波很难是常相位的。同时也可以看到，与常相位子波相比，蚁群算法搜索估计的最佳混合相位子波的井震匹配度提高的并不是很多，这是因为在子波估计过程中，一般认为测井曲线是没有误差的，幅值和时间位置是完全正确的，即不对测井曲线做任何改变，只通过改变子波相位谱来提高井震匹配度。

接下来，分别用估计的常相位子波和蚁群算法搜索估计的最佳混合相位子波对原始地震记录进行反褶积，反褶积结果分别如图 5.42（a）和（b）所示。反褶积后，地震剖面的分辨率明显得到提高。在反褶积剖面上，蚁群算法搜索估计的最佳混合相位子波反褶积剖面展示的信息要比常相位子波反褶积更加丰富（如图 5.42 中椭圆所示）。

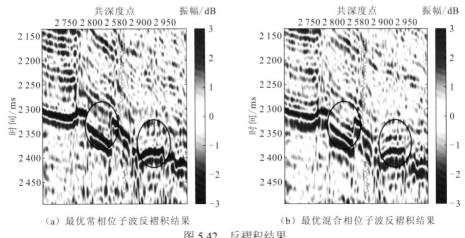

（a）最优常相位子波反褶积结果　　　　　　（b）最优混合相位子波反褶积结果

图 5.42　反褶积结果

通过常相位旋转方法得到的合成地震道与井旁道之间的相关系数为 0.62，而采用蚁群算法估计的最佳混合相位子波合成的地震道与井旁道之间的相关系数为 0.68。地震剖面上约 2 250 ms 处，蚁群算法得到的波形相比于常相位旋转方法更加接近于实际地震剖面。

图 5.42 比原始数据[图 5.41（a）]展示了更高的分辨率，但是图 5.42（b）相比于图 5.42（a）展示了更多的细节，正如图 5.42 中椭圆所示。

合成地震资料充分说明了蚁群算法的估计结果对反射系数的统计性假设无依赖性；估计过程中能够快速收敛至全局最佳子波；对弱反射信号的井震匹配明显优于传统的井震匹配方法。无论是理论数据还是实际资料存在有色噪声或偏差，该方法均表现出较强的稳定性和鲁棒性。然而，该方法对于地震资料有效频带范围内的子波相位或 Z 变换的根较为敏感。实际处理中能够看到：使用基于蚁群算法估计的混合相位子波进行井震匹配得到的相关系数明显高于传统的常相位扫描方法。从反褶积结果中，混合相位地震子波能够得到更多的地质信息。

5.4　算法收敛性与不确定性分析

5.4.1　算法收敛性分析

根据 5.1 节所述，设节点初始时刻信息素的量为 τ_0，蚂蚁数量为 N_A，假设蚂蚁每次遍历残留下的信息素量的上、下限为 $\tau_{\max}$ 和 $\tau_{\min}$，则经过 t 次迭代搜索以后节点积累的信息素的总量为

$$\tau(t) \leqslant \tau_{\max}(t) = (1-\rho_w)^t \tau_0 + N_A \Delta \tau_{\max} \frac{1-(1-\rho_w)^t}{\rho_w} \quad (0 < \rho_w < 1) \quad （5.19）$$

显然，有

$$\lim_{t \to \infty} \tau(t) \leqslant \tau_{\max} = \frac{N_A \Delta \tau_{\max}}{\rho_w} = \frac{\Gamma_{\max}}{\rho_w} \quad （5.20）$$

式（5.20）说明，节点信息素的量不可能无限增加而导致系统崩溃，只要搜索次数足够多，它最终会达到饱和。这一饱和数值与初始状态无关，与蚂蚁数量、信息素增量成正比，与波动系数 ρ_w 成反比。实质上，这正是挥发作用所起的效果，说明在蚁群算法系统中，引入挥发度是必需的。

定理：设 $p^*(t)$ 为第 t 次搜索首次发现最优解 $\boldsymbol{m}^*$ 的概率，则对于 $\forall_\varepsilon > 0$，$\exists_t > 0$，有

$$p^*(t) \geqslant 1 - \varepsilon \quad （5.21）$$

即

$$\lim_{t \to \infty} p^*(t) = 1 \quad （5.22）$$

推论：设 t^* 表示发现最优解 $\boldsymbol{m}^*$ 时的搜索次数，$p(\boldsymbol{m}^*, t^*, s)$ 表示任意第 s 只蚂蚁在 t^* 次搜索内构建最优解 $\boldsymbol{m}^*$ 的概率，对 $\forall \hat{\varepsilon}(\Gamma_{\min}, \Gamma_{\max}) = 1 - \hat{p}_s^*(\Gamma_{\min}, \Gamma_{\max}) > 0$ 有

$$\lim_{t \to \infty} p(\boldsymbol{m}^*, t, s) \geqslant 1 - \hat{\varepsilon}(\Gamma_{\min}, \Gamma_{\max}) \quad （5.23）$$

5.4.2　不确定性分析

设计四种二维板状体模型，分别是平行垂直板状体模型、向斜模型、断层切割模型、垂向尖灭模型。板状体模型均匀磁化，磁化强度大小、倾角、偏角分别为 100 A/m、45°、0°。地磁场倾角和偏角分别为 45° 和 0°，测线为南北走向。观测点点距为 20 m，测点总数为 51 个。此外，在异常体的左右两侧分别有 2 个垂直钻孔，井深为 500 m，井中磁测点距为 10 m，每口井的观测点点数为 51 个。不含噪声、含 5%（即标准差为 300 nT）、10%（标准差为 600 nT）的高斯白噪声的观测数据如图 5.43 所示。

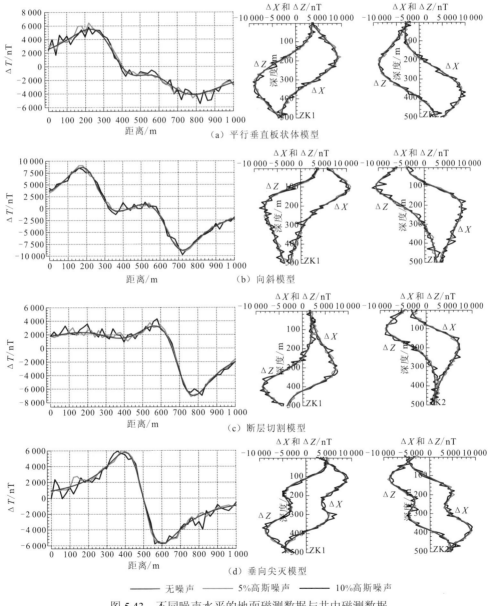

图 5.43　不同噪声水平的地面磁测数据与井中磁测数据

正如前面所指出的，正则化因子 λ、物理性质的先验信息、节点数或节点间距、波动系数 ρ_w 和蚂蚁数量 N_A 是蚁群优化反演的重要参数。蚁群算法中的正则化因子 λ 的值用来平衡数据约束的权重和目标函数中的模型约束。在此使用 Tikhonov 曲线来确定正则化因子，拐点代表最佳 λ 的位置。四种模型中使用的 λ 值从 10 到 20 不等（表 5.8）。

表 5.8　四个模型的参数设置以及平均迭代次数和时间消耗

模型	图	$M(A/m)$	节点数 N	λ	N_A	ρ_w	迭代次数/次	时间/min
平行垂直板状体模型	图 5.48	0~100	20	15	1 000	0.7	317	37.3
向斜模型	图 5.49	0~100	20	20	1 000	0.7	353	41.6
断层切割模型	图 5.50	0~100	20	10	1 000	0.7	282	33.2
垂向尖灭模型	图 5.51	0~100	20	20	1 000	0.7	263	31.0

图 5.44～图 5.47 是这四种模型蚁群算法井地磁测联合反演结果。图 5.48～图 5.51中上图为箱线（box-whisker）图，显示相对误差的收敛曲线；中图为磁化强度反演结果；下图为磁化强度分布的四分位距（interquartile range，IQR）分布。对于这四种模型，反演过程中迭代数百次后收敛，时间花费约半个小时。相对拟合误差曲线稳定下降，蚁群算法是一种有效可行的最优化算法。三种不同噪声水平的观测数据最后拟合误差分别为 2%、7% 和 12%，反演的物性分布均与真实模型一致。两个平行的垂直板状体被

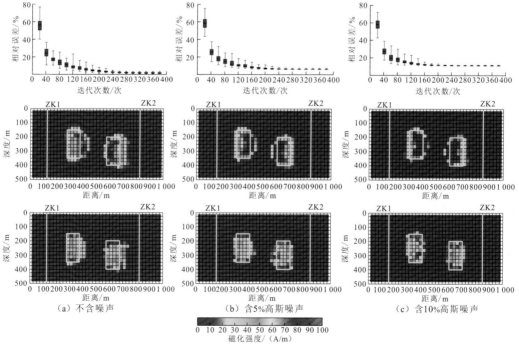

图 5.44　平行垂直板状体模型不同噪声水平观测数据的蚁群算法井地联合反演效果

上图为相对误差收敛曲线的箱线图；中图为平均的磁化强度分布；下图为IQR不确定性分析

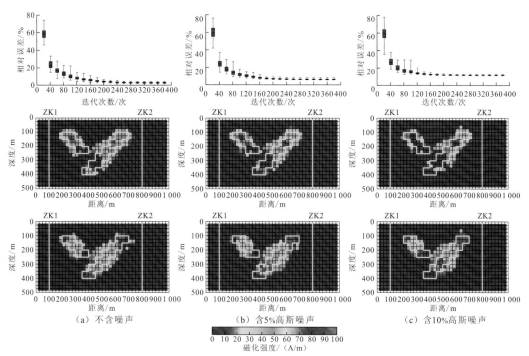

图 5.45　向斜模型不同噪声水平观测数据的蚁群算法井地联合反演效果

上图为相对误差收敛曲线的箱线图；中图为平均的磁化强度分布；下图为IQR不确定性分析

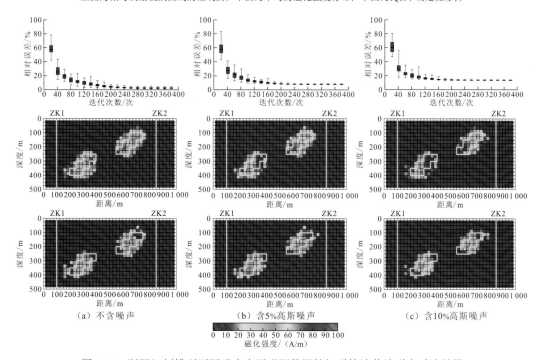

图 5.46　断层切割模型不同噪声水平观测数据的蚁群算法井地联合反演效果

上图为相对误差收敛曲线的箱线图；中图为平均的磁化强度分布；下图为IQR不确定性分析

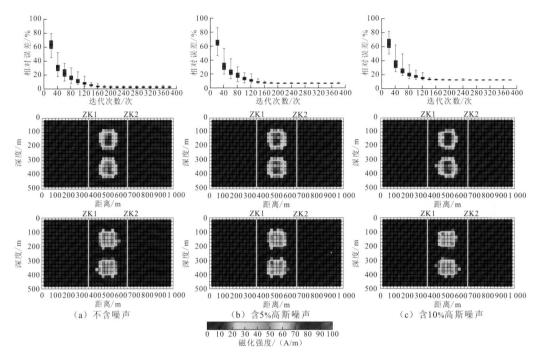

图 5.47　垂向尖灭模型不同噪声水平观测数据的蚁群算法井地联合反演效果

上图为相对误差收敛曲线的 box-Whisker 图；中图为平均的磁化强度分布；下图为 IQR 不确定性分析。

明显区分开来（图 5.44），向斜模型的下延深度也得到较好的控制（图 5.45）。最重要的是，断层切割模型的深部磁性体以及垂向尖灭模型的两个场源都得到很好的区分（图 5.46和图 5.47）。通过井地联合反演、K 均值聚类分析，反演效果得到很大的改善。如果仅适用地面磁测数据，靠近的两个垂直板状体、向斜模型核部、断层切割模型和垂向尖灭模型的深部场源都不能得到很好的区分。通过联合反演、聚类分析，使得物性的分布更加集中，边界更加清晰。

　　不确定分析是地球物理反演的重要内容，也是目前地球物理反演研究的热点和难点[191]。贝叶斯和蒙特卡罗方法可以用于求解反演问题，但是它们在反演大数据量和参数较多时，计算成本较高[192-193]。本书通过对观测数据添加不同强度的高斯噪声，用 IQR参量来衡量解的不确定性[193-194]。如图 5.44～图 5.47 最下图显示的磁化强度分布相应的IQR。不同噪声水平观测数据均能得到较好的反演效果。IQR 分布呈环形状，说明反演结果在物性边界的区域不确定性较大，其他区域反演的不确定性较小。因此，蚁群算法在存在噪声的情况下是稳健的。解的不确定性分析是地球物理反演的重要问题。这仍然是一个具有挑战性的研究领域，由于地球物理反演的不适定特征，特别是在高维问题中，由此提出了截然不同的方法[191]。贝叶斯方法和蒙特卡罗方法可用于解决逆问题。但这种方法的缺点是它们在计算费用上非常昂贵，并且对于具有大量参数的逆问题是不可行的。

第 6 章
鱼群算法理论
及其在地球物理中的应用

　　本章介绍鱼群算法的概念及其在重磁最优化反演中的应用。6.1 节主要是对算法的起源及其研究现状的阐述。6.2 节主要是对算法的数学模型进行简单描述，以及对算法中的参数进行分析。6.3 节是鱼群算法在重磁反演的理论模拟及实际应用，并对算法进行总结和展望。

6.1　鱼群算法的起源和发展

在自然界漫长的优胜劣汰过程中，各种各样的生物进化出不同的觅食方式和生存习性。鱼群算法也是根据鱼群在觅食的过程中得到启发后提出来的一种新型算法，且鱼群算法也属于生物群体智能算法的范畴。鱼群算法是通过利用仿生学的知识统筹分析鱼群的生存行为模式，来概括其行为特点，并用算法语言模拟整个行为过程来解决一些复杂的优化问题的一种人工智能算法。算法中充分发掘了鱼群的集群智能。所谓集群智能是指自治体以集合成群体的方式，通过相互间直接或者间接的通信，以全体的活动来解决一些分布式的难题[195]。

6.1.1　鱼群算法的起源

鱼群算法最初是由我国的学者李晓磊等[4, 195]提出来的，但是算法中涉及的"人工鱼"概念最早是1994年中国青年学者Tu和Terzopoulos[196]在获国际计算机协会（Association for Computing Machinery，ACM）最佳博士论文的文章中提出来的一种计算机动画新技术。文中提到"人工鱼"具有人工生命特征，"人工鱼"更加贴近自然界的"自然鱼"，具有感知、意图、习性、动作、行为等自然鱼的生命特征。其中每一条"人工鱼"代表一个独立的智能体，并且鱼群之间可以相互交流，具有自激发、自学习、自适应等特征。因此鱼群在觅食、捕食、躲避障碍物等行为的时候就会表现出相应的智能行为。

在一片水域中，营养物质或者说食物最丰富的水域通常是鱼群聚集的区域，而在物质贫乏的水域很难发现鱼类的踪影，所以通过观察一片水域中鱼类数量的多少就可以判断出水域中富营养物质区域的大概位置。通过对鱼群觅食行为的模拟，找出待解决问题的全局最优解，这就是鱼群算法提出的目的[197-199]。

鱼群模式是将动物自治体的概念引入优化算法中，采用自下而上的思路，应用基于行为的人工智能方法，从分析鱼类的活动出发，形成的一种新的解决问题的模式。该模式应用于寻优中，形成了人工鱼群算法。鱼群模式中涉及一些重要的概念和观点，下面作一些介绍。

人工鱼：如图 6.1（a）所示，模拟真实鱼个体的一个虚拟实体，是一个封装了自身数据信息和一系列行为的一个实体，可以通过条件判断形成类似鱼的感官接受和分辨环境的刺激信息，并通过具体执行语句来模拟鱼的各种行为做出相应的应激活动[195]。人工鱼活动的区域范围由解的空间确定，人工鱼对环境的判断主要包括：①是否在活动区域内；②附近其他人工鱼的状态。人工鱼基于对自身状态的认定和对环境的感知来决定下一时刻的行为，并通过它自身的活动影响环境，进而影响其他人工鱼的活动。

视觉（visual）范围是人工鱼能够感知环境的最大范围。visual 是执行条件判断的范围，在鱼群算法中，代表需要和多大范围的同伴状态进行比较，而步长（step）是判断

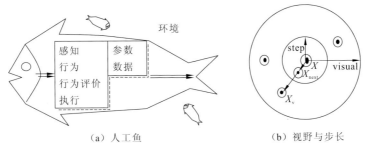

图 6.1　人工鱼及其视野与步长示意图

过后人工鱼需要移动的距离。例如，在一个简化的人工鱼寻优过程中，一个人工鱼当前状态为 X，visual 为其视野范围，在视野范围内的一个视点状态为 X_v，若 X_v 优于 X，则人工鱼向该位置方向移动一步（step），到达状态 X_{next}；反之，则巡视视野内的其他位置，如图 6.1（b）所示。具体实现过程可以表示为

$$x_i^v = x_i + \text{visual} \cdot \text{rand}(), \quad i = n \cdot \text{rand}() \tag{6.1}$$

$$X_{next} = \frac{X_v - X}{\|X_v - X\|} \cdot \text{step} \cdot \text{rand}() \tag{6.2}$$

式中：状态 $X = (x_1, x_2, \cdots, x_n)$；状态 $X_v = (x_1^v, x_2^v, \cdots, x_n^v)$；rand() 函数为产生 0 到 1 之间的随机数；step 为移动步长。

鱼群算法主要是基于对鱼群模式中鱼群行为的思考与模仿，鱼群行为是鱼群算法的核心，本书中的基础人工鱼群算法主要包含四种行为。

觅食行为：通过视觉或味觉来感知水中的食物量或浓度去选择趋向。

聚群行为：鱼类聚集成群，进行集体觅食和躲避敌害。

追尾行为：当某一条或几条鱼发现食物时，其他鱼会尾随跟踪过来。

随机行为：当鱼在视野范围内没有找到食物时，无法发生趋向，便产生随机行为。

鱼群的这种生存模式能够帮助它们在一定程度上将寻找食物的效率最大化，这与寻优的问题极为相似，鱼群算法也正是从中得到经验。而在模拟鱼群自主行为中涉及的行为评价问题，一般可以选用两种简单方式，即最优行为执行和较优行为执行。

随着人工鱼群算法的发展，鱼群的行为表述也有不同的分类。一种新的人工鱼群算法（new artificial fish swarm algorithm，NAFSA）提出将鱼群的社会行为分为四种：觅食行为、流浪行为、繁殖行为、逃逸行为，集成了自适应策略、变异策略和混合策略到鱼群的社会行为当中[200]。本章只对基本人工鱼群算法行为进行表述。

6.1.2　鱼群算法的发展

鱼群算法具有原理简单、寻优效率高的特点，在通信与信息处理、参数优化、计算机控制、电力系统工程、组合优化等方面已经被广泛应用，并取得了一定的成果。

而在鱼群算法混合优化研究方面，近些年也有巨大发展。为了解决人工鱼群算法和

人工蜂群算法在局部优化不足的情况，Li 等[201]提出了一种基于多核簇的混合群智能并行算法，在算法初期引入反向学习机制，初始化群均匀分布，随机分为两组，使交互学习策略加快收敛速度，并采用鱼群算法和人工蜂群算法进行全局搜索。

目前对鱼群算法的研究刚刚起步，一些思想处于萌芽阶段，理论还不成熟，尚需挖掘。对于算法本身的研究和优化还停留在试验探索阶段，同时该算法存在保持探索与开发平衡的能力较差、算法后期寻优效果差、速度慢等缺点，从而影响了算法的搜索质量和效率。

因此，研究鱼群算法，加强其理论基础，解决算法本身存在的问题，完善算法，提高算法求解各类优化问题的适应性，提高算法的搜索效率，拓展其应用领域，对于群体智能算法的研究具有促进和推动作用，对于复杂的、非线性和系统性的问题的解决提供了一条新的途径；同时人工鱼群是具有分布式人工智能的典型动态多智能体系统，对研究多智能体系统和机器人视觉、机器人运动控制及地球物理等方面有借鉴价值。

6.2　鱼群算法的数学模型

6.2.1　基本鱼群算法

人工鱼模型：主要是对人工鱼状态的描述，涉及一些参数及与目标函数相关的自变量的定义。参数包含步长（step）、视野（visual）、随机次数（try-number）等；人工鱼个体状态（自变量）可表示为 $X=(x_1, x_2, \cdots, x_n)$。

行为描述：人工鱼个体的状态可表示为向量 $X=(x_1, x_2, \cdots, x_n)$，其中 $x_i(i=1,2,\cdots,n)$ 为欲寻优的变量；人工鱼当前所在位置的食物浓度表示为 $Y=f(X)$，其中 Y 为目标函数值；人工鱼个体之间的距离表示为 $d_{i,j}=\left\|X_i-X_j\right\|$；visual 表示人工鱼的感知距离；step 表示人工鱼移动的最大步长；δ_c 为拥挤度因子。

觅食行为：设人工鱼当前状态为 X_i，在其感知范围内随机选择一个状态 X_j，如果在求极大问题中，$Y_i<Y_j$（或在求极小问题中，$Y_i>Y_j$，因为极大和极小问题可以互相转换，所以以下均以求极大问题讨论），则向该方向前进一步。反之，再重新随机选择状态 X_j，判断是否满足前进条件。这样反复尝试 try-number 次后，如果仍不满足前进条件，则随机移动一步。

伪代码可表示如下。

```
for i=1:try_number
    X_j=X+rand*visual;
    if(Y(X)<Y(X_j))
        X_next=X+rand()*step*(X_j-X)/norm(X_j-X);
    else
```

```
        Xnext=X+rand()*step;
    end
end
```

聚群行为：设人工鱼当前状态为 X_i，探索当前邻域内的伙伴数目 N_F 及中心位置 X_C，如果 $\dfrac{Y_C}{N_F} > \delta_C Y_i$，表明伙伴中心有较多的食物并且不太拥挤，则朝伙伴的中心位置方向前进一步，否则执行觅食行为。

伪代码可表示如下。

```
if((Y(Xc)>Y(X))
    Xnext1=X+rand()*step*(Xc-X)/norm(Xc-X);
else
    Xnext1=gmjprey(X,try_number,visual,step);
```

追尾行为：设人工鱼的当前状态为 X_i，探索当前邻域内伙伴中 Y_j 为最大伙伴 X_j，如果 $Y_C / N_F > \delta_C Y_i$，表明伙伴 X_j 状态具有较高的食物浓度并且其周围不太拥挤，则朝伙伴 X_j 方向前进一步，否则执行觅食行为。

伪代码可表示如下。

```
if(Y(Xj)>Y(X))
    Xnext2=X+rand()*step*(minX-X)/norm(minX-X);
else
    Xnext2=gmjprey(X,try_number,visual,step);
```

随机行为：是觅食行为的一个缺省行为，在 try_number 执行次数内未能找到更优状态时，便随机选择视野中某个状态并向该状态方向移动。

伪代码可表示如下。

```
Xnext=X+rand()*step;
```

鱼群算法中觅食寻优的特性构成了算法收敛的基础，从整体上，人工鱼在对环境判断中做出使现在自身状态更优的行为选择，这就确定了算法的收敛性。聚群行为和追尾行为的引入分别在收敛的全局性和速度上进行了改造和优化，构成了鱼群算法的核心。人工鱼群的主要优势在于鲁棒性强和多极值全局寻优。聚群行为能有效加强算法对目标函数全局的掌控能力，并通过拥挤度因子进一步避免大量人工鱼陷入局部极值。随机行为中随机次数（try_number）的减少和随机步长的采用加强算法中的随机因素，方便人工鱼在更广泛的区域寻优。但随机因素的加强会减慢收敛速度，聚群行为和追尾行为的组合以便于更好地控制和协调收敛速度与全局寻优的关系。算法对于初值的要求不高，但将初始的人工鱼分布在更广泛的区域对掌控全区、加快寻优速度是有益的。

6.2.2 算法中参数对收敛性能的影响

1. 视野和步长

视野和步长是在算法的各个行为中都存在的重要参量，因此对整个算法的核心收敛性能影响比较大。

视野对算法收敛性能的影响比较复杂。整体上看，视野范围较大时，能帮助人工鱼在更大范围内了解环境情况，有助于人工鱼寻找全区极值，在试验中可看出显著强化了追尾行为和聚群行为在算法中的作用，加快了收敛速度；而视野范围较小时，人工鱼行为的随机因素被强化（觅食行为和随机行为），一定程度上能避免过早地陷入某一极值。

步长对算法的影响主要在收敛速度方面，固定步长容易让结果在极值附近来回跳跃振荡，但能有效提高收敛速度；而采用随机步长可以使参数敏感度降低，在一定程度上能防止振荡现象，但会显著降低收敛速度。对特定的问题，选取合适的固定步长能满足一般要求，若收敛效果要求较高，可通过变化步长的方法加快收敛速度。

2. 随机次数

人工鱼的整个随机过程描述为：人工鱼随机地巡视在其视野范围中某点的状态 X_i，如果发现比当前状态 X 更好，那么它就向状态 X_i 的方向前进一步到达状态 X_{next}，如果状态 X_i 并不比状态 X 好，那么它继续随机巡视视野范围内的状态，如果巡视次数达到一定的次数（try_number）仍旧没有找到更好的状态，那么就做随机的游动。

可以看出，巡视的随机性可能导致人工鱼的移动偏离最优方向，甚至向相反的方向移动，这会在一定程度上减缓收敛速度；但随机性的加强（try_number 减少）可以避免过早陷入局部极值，便于在更广泛的区域寻找全区极值。所以，从整体上看，若优化问题中局部极值并不突出，适当增加随机次数能提高收敛速度；对局部极值比较突出的情况，适当降低随机次数以免过早陷入局部极值。

3. 人工鱼数量

作为具备集群智能的算法之一，算法的效率和智慧体现在鱼群（人工鱼数量 N_F）上，人工鱼数量的增减不能靠迭代次数去弥补，它们是两个不同的概念。人工鱼数量越多，对目标函数全区掌握越强，跳出局部极值的能力越强，也能在一定程度上有效减少迭代次数，但会导致计算量显著增加，算法时间效率降低。在实际使用中，根据具体情况判断合理的人工鱼数量范围，并尽量选择较少的个体数目。

4. 拥挤度因子

拥挤度因子 δ_c 的引入限制了人工鱼群聚集的规模，希望在较优状态的邻域内聚集较多的人工鱼，而次优状态的邻域内聚集较少的人工鱼或不聚集人工鱼。

在求极大的问题中：

$$\delta_c = 1/\gamma N_{max} \quad (0 < \gamma < 1) \tag{6.3}$$

式中：γ 为极值接近水平；N_{max} 为期望在该邻域内聚集的最大人工鱼数量。例如，如果希望在接近极值 90%水平的邻域内不会有超过 10 个人工鱼聚集，那么取 $\delta_c = 1/(0.9 \times 10) \approx 0.11$。这样，如果 $Y_c/(Y_i N_F) < \delta_c$，人工鱼就认为 Y_c 状态过于拥挤，其中 Y_i 为人工鱼自身状态的值，Y_c 为人工鱼所感知的某状态的值，N_F 为周围人工鱼的数目。

在求极小的问题中：

$$\delta_c = \gamma N_{max} \quad (0 < \gamma < 1) \tag{6.4}$$

式中：γ 为极值接近水平；N_{max} 为期望在该邻域内聚集的最大人工鱼数量。例如，如果希望在接近极值 90%水平的邻域内不会有超过 10 个人工鱼聚集，那么取 $\delta_c = 0.9 \times 10 = 9$。这样，如果 $Y_c n_f / Y_i > \delta_c$，人工鱼就认为 Y_c 状态过于拥挤。

拥挤度因子通过控制局部人工鱼数量来避免大量人工鱼集体陷入某一局部极值中，从而更广泛地寻优，但也会反过来影响人工鱼向极值地精确靠近，进而影响收敛速度。在局部极值问题不突出时，通常舍弃对 δ_c 的引入以提高收敛速度和结果精度。

6.3　鱼群算法在重磁反演中的应用

鱼群算法能比较好地处理一些多参数、非线性、多极值的命题优化问题。重磁位场反演中有较多方法和环节使用到最优化的思路。如果把位场反演归结为较为简单的过程，即选择合理的模型正演推断，然后细致地变化参数来拟合实测异常曲线，那么在拟合的过程中，除了有人机交互借助肉眼识别外，也比较多地通过建立目标函数来进行精确优化，其中最小二乘法是一个较为常用的办法。

6.3.1　位场反演

1. 重磁异常最优化反演

最优化反演方法是一种自动反演方法，其本质上是选择法。它通过实际情况构造已知形状、产状的模型体，并将其所产生的理论异常与实测资料进行对比，反复修改模型体的大小、产状及物性等参量，使理论曲线尽可能地与实测曲线拟合，则取最终的拟合曲线所对应的模型体作为实际的反演结果。透过上述过程可以看出，最优化反演涉及两个核心问题：一是收敛标准的确定；二是关于修改地质体模型的方法。

对于收敛标准，即理论异常和实测异常的符合程度，一般用各测点上两者之间的平方和表示，即

$$\phi = \sum_{k=1}^{m} \left[\Delta T_k - f(x_k, y_k, z_k, b_1, b_2, \cdots, b_n) \right]^2 \tag{6.5}$$

式中：ΔT_k 为 k 点的观测异常；$f(x_k, y_k, z_k, b_1, b_2, \cdots, b_n)$ 为理论异常；b_1, b_2, $\cdots$, b_n 为模型

体的参量，共有 n 个。

确定了收敛标准后，实际反演过程变成了求关于参数 $\boldsymbol{b}=(b_1,b_2,\cdots,b_n)^{\mathrm{T}}$ 的目标函数 $\phi(\boldsymbol{b})$ 的极小值。上述目标函数中一般涉及典型的多参数、非线性等属性，最优化选择法采用迭代的计算方法，通过给各参量赋初值，代入目标函数计算得到一个值，然后修改各参量，再代入目标函数，比较两次结果大小，取极小再修正，反复代入直至收敛到精度范围内。每次代入均附加一个合适的修正量 ξ 使结果能够收敛到极小，表示为

$$\boldsymbol{b}=\boldsymbol{b}^{(0)}+\boldsymbol{\xi} \tag{6.6}$$

上述过程中关于修改地质体模型的方法实际变成了求合适修正量 ξ 的方法。传统的求 ξ 的方法有很多，常见的有最小二乘法、最速下降法和阻尼最小法等。随着模型越来越复杂，求 ξ 的过程将会变得越来越复杂。虽然人工鱼群依旧采取迭代的方式收敛，但是能跳出解 ξ 的复杂过程，解决这类多极值、非线性、多参数的优化问题有较明显的优点。

2. 基于鱼群算法的重磁异常最优化反演

鱼群算法参与的重磁异常反演依然是通过收敛标准来确立目标函数，一般也是采用 $\phi=\sum\limits_{k=1}^{m}\left[\Delta T_k-f(x_k,y_k,z_k,b_1,b_2,\cdots,b_n)\right]^2$，在求解关于参数 $\boldsymbol{b}=(b_1,b_2,\cdots,b_n)^{\mathrm{T}}$ 的目标函数 $\phi(\boldsymbol{b})$ 的极小问题上，不是去求迭代过程中的修正量 ξ，而是采用较为完整的人工鱼群算法过程。其在计算机上的大致执行过程如图 6.2 所示。

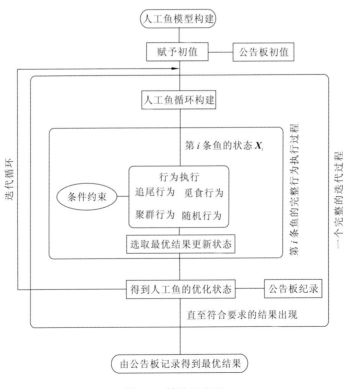

图 6.2　算法示意图

人工鱼模型的构建中涉及影响算法过程的参数，如视野、步长及拥挤度因子，它们对人工鱼的执行行为产生较大的影响。就视野而言，一般尽量取大点，有助于人工鱼发现全局极值并收敛；对于步长，随机步长能防止振荡现象，较合适的固定步长能提高收敛速度；拥挤度因子主要用来防止陷入局部极值，在局部极值不严重的情况下可简化算法，可忽略这一参数。

初值要求不高，一般采用参数范围内按人工鱼数量随机均匀赋值。

各种行为同时进行，主要是以追尾行为和聚群行为并列，随机行为和觅食行为包含在上述两个过程中，然后对两者行为结果进行比较，并取最优值。行为执行中根据实际情况受到各种条件约束，实际反演中通过其他途径得到的个体参数的约束范围或是组合约束范围都要求在行为执行中对参数进行控制。

关于人工鱼数量的选择和迭代次数的选择。人工鱼数量增加能显著减少迭代次数，增加算法对全局极值的掌控能力，但会明显加大整个算法的计算量。因为优化的反演问题多参数，多极值的问题比较突出，而迭代次数在摆脱局部极值方面影响较弱，所以尽可能增加人工鱼数量对取得较为理想的结果是有很大帮助的。实际操作中迭代次数和步长的关系比较明显。除了对于目标函数本身的考量外，还有对精度的要求来确定具体的步长，合适的步长能减少迭代次数，提高收敛速度，又能有效防止振荡现象的出现。在能较好地锁定全局极值的情况下，由收敛精度来确定迭代次数。

每次迭代后通过公告板来将最优人工鱼状态进行输出，通过公告板能看到各个参数在运算中的变化过程，并确定是否在精度上达到要求而停止迭代。

6.3.2　理论模型反演试验

反演模型采用无限走向、有限延伸的二维厚板状体，对此进行鱼群算法的磁数据的反演试验。如图 6.3 所示，模型中建立的主要参数为 A 点坐标位置 $(\Delta X, \Delta Z)$、水平宽度 L、纵向深度 H、板状体倾角 α、有效磁化强度 M_s 和有效磁化倾角 i_s 等 7 个参数，当 i_s 与 α 相等时为顺层磁化。该模型的重磁异常正演公式见 3.1.1 小节。

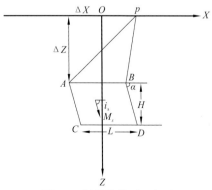

图 6.3　板状体模型示意图

反演试验采用追尾行为和聚群行为并列运行的模式，对同一条人工鱼而言，一次迭代中取两者较优状态作为自身状态。试验选取了其中分别代表位置 $(\Delta X, \Delta Z)$、有效磁化倾角 i_s 和有效磁化强度 M_s 这四个参数进行反演。算法程序中涉及主要的鱼群算法的参数有视野（visual）、步长（step）、随机次数（try_number）和人工鱼数量（N_F）。其中，随机次数对结果影响十分有限，一般根据实际情况自行选择，试验中 try_number=50。反演过程中针对不同参数进行变化，除了研究单独参数变化对算法速度和结果的影响外，还试图调整一个使算法整体效率较优的参数组合。下面分别是通过控制其他参数不变，变化单个参数所进行的各个参数对算法影响的讨论。

首先，将模型参数设为 $\Delta X=300$ m, $\Delta Z=600$ m, $i_s=95°$, $M_s=50$ A/m, $L=20$ m, $H=50$ m, $\alpha=113°$（后面 3 个参数不参与反演）。

1）视野和步长

视野和步长的讨论应是组合的，人工鱼是基于视野范围内的判断做出行为选择（移动），移动距离超过视野范围是无意义的，所以 visual>step。就视野而言，从理论上考虑，如过小则会丧失对全区更为准确地把握，增加人工鱼的随机行为，减弱了向极值区域靠近的作用；如过大则有可能会因丧失太多的随机性导致较早陷入局部极值的困境中，失去寻找潜在的极值区域的机会。在迭代刚开始，一般还是希望具有更多的随机性进行更为广泛的寻优。步长是对算法收敛速度影响最为直观的参数，也是影响最大的参数，一般把步长设为对收敛速度的控制。这样，对视野和步长的组合讨论，先通过控制步长来大致控制收敛速度，然后通过寻找视野与步长合适的比率来寻找较好的收敛效果。其他参数控制：选择的迭代次数为 200，随机次数为 50，人工鱼数量为 50。图 6.4 为设置不同参数的反演结果，通过表 6.1 的数据可以更加直观地反映出来。

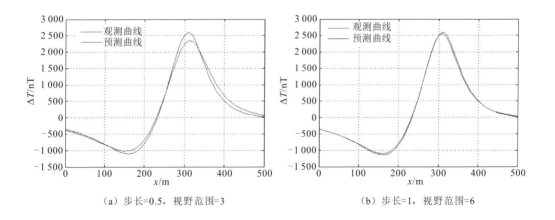

（a）步长=0.5，视野范围=3　　　　　　　　（b）步长=1，视野范围=6

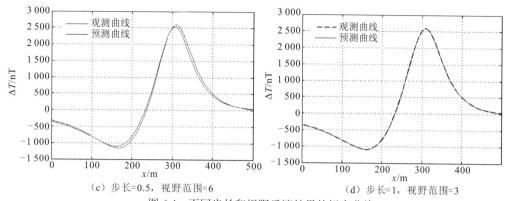

（c）步长=0.5，视野范围=6　　　　　　　（d）步长=1，视野范围=3

图 6.4　不同步长和视野反演结果的拟合曲线

表 6.1　反演参数结果

step	visual	ΔX /m	ΔZ /m	i_s /（°）	M_s /nT
0.5	3	303.2	72.2	94.5	58.1
1	6	296.4	58.6	97.3	46.2
0.5	6	280.8	61.1	109.6	31.4
1	3	299.9	60.0	95.1	49.9
真值		300	60	95	50

　　分析以上结果容易得到，当 step 在较为合理范围内（无明显振荡现象发生），随着步长和视野地增大，在迭代次数相同的情况下，收敛速度加快；而在比较步长和视野谁对收敛速度的影响更大时，通过对比图 6.4（a）～（d）可以看出，步长的增长对收敛速度的提升帮助更大。

2）人工鱼数量

　　图 6.5 和表 6.2 为不同人工鱼数量（N_F）得到的反演结果，单从算法程序就可以看出，计算量会随着人工鱼数量的增长而显著增大。其他参数选择为：迭代次数为 200，随机次数为 50，视野范围为 6，步长为 0.5。

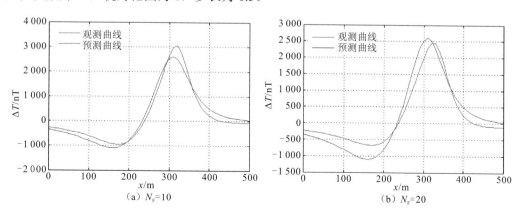

（a）N_F=10　　　　　　　　　　　（b）N_F=20

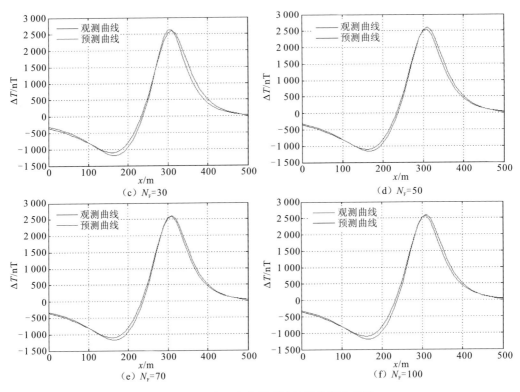

图 6.5　不同人工鱼数量反演结果的拟合曲线

表 6.2　反演参数结果

N_F	$\Delta X/\mathrm{m}$	$\Delta Z/\mathrm{m}$	$i_s/(°)$	$M_s/(\mathrm{A/m})$
10	314.2	44.2	88.5	45.0
20	326.0	49.7	84.0	43.4
30	293.9	51.3	99.0	39.6
50	295.4	54.8	98.5	41.5
70	296.1	54.6	98.3	42.2
100	294.6	53.8	99.4	40.4

　　依照上述实际试验的结果也证明了相同的结论，在迭代次数相同的条件下，人工鱼数量的增长会使计算时间显著变长，模型中局部极值问题不明显；在分布问题上，随着人工鱼数目的增加，对收敛效果的提升不明显，甚至还有振荡出现。

6.3.3　鱼群算法应用实例

　　将鱼群算法应用于青海省尕林格铁矿区磁数据反演。该矿区地质与地球物理情况见

3.1.4 小节。

　　结合实际 212 线的钻孔和已知的地质概况，决定采用无限走向、有限延伸的厚板状体模型进行实际地下场源的模拟，并采用鱼群算法进行模型参数的计算。

　　为了提高收敛速度，尝试将鱼群算法中的追尾行为进行一些修改和优化，采用的是整个鱼群中的最小值（最优状态）追尾。为了防止早期振荡的发生，在对鱼群中最小值的更新采用视野范围进行限制，即只在当前新的鱼群极值出现在某条人工鱼的视野范围内，该人工鱼才以该极值为移动方向来代替之前人工鱼的移动方向，否则按上一条人工鱼移动的极值方向移动。这样的处理在一定程度上忽略了局部极值的影响，在局部极值不严重时，能有效提高收敛速度。

　　除此之外，在参数的选择上，通过变化步长来提高收敛速度和收敛精度，先将视野确定为 15，在前 100 次迭代中采用的步长为 3；后 1 000 次迭代中采用的步长为 1，以有效保证精度并防止振荡。对于其他参数，根据试验对参数的讨论结果大致选择为人工鱼群数量 $N_F=50$，try_number=50。并结合矿区的有关地质调查、磁勘探测量情况及打钻的实际结果，对 212 线的反演参数进行一些约束。地磁场倾角为 $I=56°$，并将磁化强度约束在 60 A/m 以内，由于打钻可以确定第四系砂砾沉积厚度大约为 190 m，然后将矿体的深度主要限定在 190～500 m，z_a 确定为 190 m，其他条件约束为 25 m<L<200 m、150 m<H<300 m、0<x_a<1 200 m、0<$α$<180°、0<i_s<180°。迭代过程后期改变 step＝1 后收敛显著变慢，但以牺牲时间的代价换取更加稳定的收敛过程，能通过公告板更清晰地看出迭代收敛中各个反演参数的变化趋势，并结合实际情况做出对反演参数更为详细的约束和更为准确的推断，以求获得更为精确可靠的结果。最后的反演结果如图 6.6 所示，分别表示前 100 次迭代结果 (visual＝15，step＝3) 和后 1 000 次迭代结果 (visual＝15，step＝1)。图 6.7 为鱼群算法 212 线反演地下矿体结果。

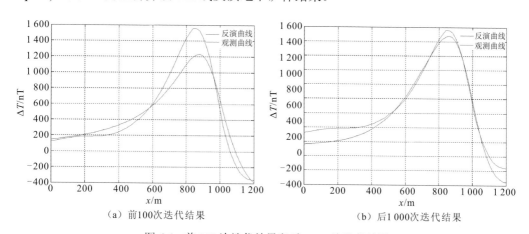

（a）前100次迭代结果　　　　　　　（b）后1 000次迭代结果

图 6.6　前 100 次迭代结果和后 1 000 次迭代结果

　　此时描述拟合程度（最小二乘）的目标函数值为 $6.923 4×10^5$，考虑到模型本身的粗糙性，拟合程度大致符合要求，此时的反演参数结果见表 6.3。

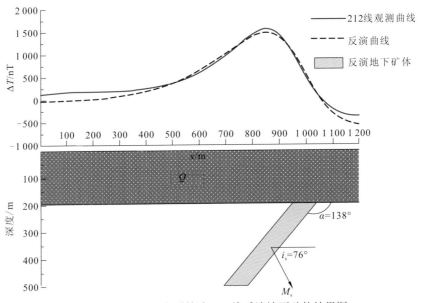

图 6.7　人工鱼群算法 212 线反演地下矿体结果图

表 6.3　反演参数结果

L/m	H/m	$\Delta X/m$	$\Delta Z/m$	$\alpha/(°)$	$i_s/(°)$	$M_s/\text{A/m}$
99.9	299.9	932.6	190	138	76	41.5

用该算法进行的磁数据反演试验，既涉及物性参数 (i_s, M_s) 又涉及几何参数 $(\Delta X, \Delta Z,$ $H, L, \alpha)$，但在迭代后期物性参数的变化比几何参数更稳定，说明使用人工鱼群算法反演物性参数比几何参数更敏感。图 6.7 反演结果与图 3.11 钻孔控制的地质剖面结果吻合。

鱼群算法发展时间不长，在地球物理中的应用不多，但具有较大的发展潜力。本章通过对鱼群算法的研究，充分证明了鱼群算法在位场数据反演中的可行性和实用性，算法参数和初值鲁棒性强，思路简单，在处理涉及大量参数、模型复杂、约束条件多的位场数据反演时，具有操作简单、算法编辑修改快捷的优点，较为适合以磁性参数为代表的物性参数的反演工作。但从算法效率（速度）上讲，就较为基本的鱼群算法而言，当反演参数变多时，运算时间会显著变长，运算效率明显下降。算法中的参数在基于迭代充分的条件下，对结果的影响比较有限，但对运算效率的影响比较明显，在没有有效方法的情况下，确定一个比较好的参数组合十分困难，算法参数设置比较依赖经验和多次尝试。而对人工鱼群算法的优化研究也主要集中在以下几个方面：一是如何提高算法在解空间搜索的效率及扩展优化算法行为本身；二是如何能根据具体问题快速找到一组能使运算效率尽可能高的合理参数。三维物性鱼群算法反演是重磁数据反演的主要研究方向。

参 考 文 献

[1] HACKWOOD S, BENI G. Self-organization of sensors for swarm intelligence[C]//International Conference on Robotics and Automation, May 12-14, 1992, Nice, France. Piscataway, NJ, USA: IEEE, 1992: 819-829.

[2] BONABEAU E, MARCO D R D F, DORIGO M, et al. Swarm intelligence: From natural to artificial systems[M]. Oxford: Oxford University Press, 1999.

[3] 冯静, 舒宁. 群智能理论及应用研究[J]. 计算机工程与应用, 2006, 42(17): 31-34.

[4] 李晓磊, 邵之江, 钱积新. 一种基于动物自治体的寻优模式: 鱼群算法[J]. 系统工程理论与实践, 2002, 22(11): 32-38.

[5] 张青, 康立山, 李大农. 群智能算法及其应用[J]. 黄冈师范学院学报, 2008, 28(6): 44-48.

[6] 林诗洁, 董晨, 陈明志, 等. 新型群智能优化算法综述[J]. 计算机工程与应用, 2018, 54(12): 1-9.

[7] 雷秀娟. 群智能优化算法及其应用[M]. 北京: 科学出版社, 2012.

[8] 韩锦峰, 群智能算法研究及应用[D]. 青岛: 中国石油大学(华东), 2008.

[9] 胡中功, 李静. 群智能算法的研究进展[J]. 自动化技术与应用, 2008, 27(2): 13-15.

[10] 张颖, 高建宇, 邢玉秀, 等. 群智能算法发展研究[J]. 科技传播, 2014, 6(9): 160-161.

[11] KENNEDY J, EBERHART R C. Particle swarm optimization[C]//Proceeding of IEEE International Conference on Neural Networks. Piscataway, NJ: IEEE Service Center, 1995: 1942-1948

[12] 费腾, 张立毅. 现代智能优化算法研究[J]. 信息技术, 2015, 39(10): 26-29.

[13] 刘建华. 粒子群算法的基本理论及其改进研究[D]. 长沙: 中南大学, 2009.

[14] 瞿博阳, 谢亮, 李超, 等. 基于多模态优化问题的粒子群算法研究[J]. 中原工学院学报, 2018, 29(4): 70-76.

[15] PATHAK V K, SINGH A K, SINGH R, et al. A modified algorithm of particle swarm optimization for form error evaluation[J]. tm-Technisches messen, 2017, 84(4): 272-292.

[16] 程声烽, 程小华, 杨露. 基于改进粒子群算法的小波神经网络在变压器故障诊断中的应用[J]. 电力系统保护与控制, 2014, 42(19): 37-42.

[17] HEMANTH D J, UMAMAHESWARI S, POPESCU D E, et al. Application of genetic algorithm and particle swarm optimization techniques for improved image steganography systems[J]. Open physics, 2016, 14(1): 452-462.

[18] 秦全德, 李荣钧. 基于生物寄生行为的双种群粒子群算法[J]. 控制与决策, 2011, 26(4): 548-552, 557.

[19] 韩瑞通, 王书明, 黄理善, 等. 交叉粒子群算法在大地电磁反演中的应用[J]. 工程地球物理学报, 2009, 6(2): 223-228.

[20] DORIGO M, MANIEZZO V, COLORNI A. The ant system: an autocatalytic optimizing process[R]. Technical Report 91-106 revised, Dipartimento di Elettronica, Politecnico di Milano, Milan, Italy, 1991.

[21] DORIGO M. Optimization, learning and natural algorithms[D]. Milano: Politecnico di Milano, 1992.

[22] DORIGO M, DI CARO G. Ant colony optimization: A new meta-heuristic[C]//Proceedings of the 1999 Congress on Evolutionary Computation-CEC99(Cat. No. 99TH8406), July 6-9, 1999, Washington, DC, USA. Piscataway, NJ, USA: IEEE, 1999, 2: 1470-1477.

[23] DORIGO M, BLUM C. Ant colony optimization theory: A survey[J]. Theoretical computer science, 2005, 344(2/3): 243-278.

[24] 刘双, 刘天佑, 冯杰, 等. 蚁群算法在磁测资料反演解释中的应用[J]. 物探与化探, 2013, 37(1): 150-154.

[25] 吴启帆. 基于 Spark 的改进蚁群算法在 TSP 问题中的应用[D]. 重庆: 重庆大学, 2018.

[26] 尧海昌, 柴博周, 刘尚东, 等. 基于蚁群算法的轨道交通集群调度算法研究[J]. 南京邮电大学学报(自然科学版), 2018, 38(4): 81-88.

[27] 蒲伦, 唐诗华, 张紫萍, 等. 一种基于蚁群算法的山区 GPS 高程异常拟合方法[J]. 测绘通报, 2018(8): 26-31.

[28] 史恩秀, 陈敏敏, 李俊, 等. 基于蚁群算法的移动机器人全局路径规划方法研究[J]. 农业机械学报, 2014, 45(6): 53-57.

[29] 许川佩, 蔡震, 胡聪. 基于蚁群算法的数字微流控生物芯片在线测试路径优化[J]. 仪器仪表学报, 2014, 35(6): 1417-1424.

[30] TOMERA M. Ant colony optimization algorithm applied to ship steering control[J]. Procedia computer science, 2014, 35: 83-92.

[31] AFSHAR M H. A parameter free continuous ant colony optimization algorithm for the optimal design of storm sewer networks: Constrained and unconstrained approach[J]. Advances in engineering software, 2010, 41(2): 188-195.

[32] 严哲, 顾汉明, 赵小鹏. 基于蚁群算法的非线性 AVO 反演[J]. 石油地球物理勘探, 2009, 44(6): 700-702.

[33] 汪晨, 张玲华. 基于人工鱼群算法的改进质心定位算法[J]. 计算机技术与发展, 2018, 28(5): 103-106.

[34] JANAKI S D, GEETHA K. Automatic segmentation of lesion from breast DCE-MR image using artificial fish swarm optimization algorithm[J]. Polish journal of medical physics and engineering, 2017, 23(2): 29-36.

[35] 周利民. 基于鱼群算法的无线传感器网络覆盖优化研究[D]. 长沙: 湖南大学, 2010.

[36] 胡祖志, 何展翔, 杨文采, 等. 大地电磁的人工鱼群最优化约束反演[J]. 地球物理学报, 2015, 58(7): 2578-2587.

[37] KARABOGA D, AKAY B. A survey: Algorithms simulating bee swarm intelligence[J]. Artificial intelligence review, 2009, 31(1/2/3/4): 61-85.

[38] YANG X S. Nature-inspired metaheuristic algorithms[M]. Beckington: Luniver Press, 2010.

[39] 王沈娟, 高晓智. 萤火虫算法研究综述[J]. 微型机与应用, 2015, 34(8): 8-11.

[40] YANG X S, DEB S. Cuckoo search via Lévy flights [C]//2009 World Congress on Nature and Biologically Inspired Computing(NaBIC), Dec. 9-11, 2009, Coimbatore, India. Piscataway, NJ, USA: IEEE, 2009: 210-214.

[41] 姚姚. 地球物理反演基本理论与应用方法[M]. 武汉: 中国地质大学出版社, 2002.

[42] XIONG J, ZHANG T. Multiobjective particle swarm inversion algorithm for two-dimensional magnetic data[J]. Applied geophysics, 2015, 12(2): 127-136.

[43] 明圆圆, 范美宁. 鱼群算法的重力密度异常反演方法[J]. 物探化探计算技术, 2012, 34(6): 666-670.

[44] 李倩, 黄临平. 人工鱼群算法的重磁位场反演方法[J]. 内蒙古石油化工, 2010, 36(16): 57-59.

[45] 王书明, 刘玉兰, 王家映. 地球物理资料非线性反演方法讲座(九):蚁群算法[J]. 工程地球物理学报, 2009, 6(2): 131-136.

[46] 张大莲, 刘天佑, 陈石羡, 等. 粒子群算法在磁测资料井地联合反演中的应用[J]. 物探与化探, 2009, 33(5): 571-575.

[47] 师学明, 肖敏, 范建柯, 等. 大地电磁阻尼粒子群优化反演法研究[J]. 地球物理学报, 2009, 52(4): 1114-1120.

[48] 方中于, 王丽萍, 杜家元, 等. 基于混合智能优化算法的非线性 AVO 反演[J]. 石油地球物理勘探, 2017, 52(4): 797-804.

[49] 熊杰, 刘彩云, 邹长春. 基于粒子群优化算法的感应测井反演[J]. 物探与化探, 2013, 37(6): 1141-1145.

[50] 刘建军, 卢以水, 王全洲, 等. 量子粒子群法在测井反演解释中的应用[J]. 工程地球物理学报, 2012, 9(2): 151-154.

[51] SONG X, TANG L, LV X, et al. Application of particle swarm optimization to interpret Rayleigh wave dispersion curves[J]. Journal of applied geophysics, 2012, 84: 1-13.

[52] 翟佳羽, 赵园园, 安丁酉. 面波频散反演地下层状结构的蚁群算法[J]. 物探与化探, 2010, 34(4): 476-481.

[53] 张进, 安振芳, 邢磊, 等. 基于混沌蚁群算法的弹性阻抗反演[J]. 石油物探, 2015, 54(6): 716-723.

[54] 黄捍东, 张如伟, 于茜. 基于蚁群算法的层速度反演方法[J]. 石油地球物理勘探, 2008, 43(4): 422-424.

[55] 蔡涵鹏, 贺振华, 黄德济. 基于粒子群优化算法波阻抗反演的研究与应用[J]. 石油地球物理勘探, 2008, 43(5): 535-539.

[56] 袁三一, 陈小宏. 一种新的地震子波提取与层速度反演方法[J]. 地球物理学进展, 2008, 23(1): 198-205.

[57] 易远元, 袁三一, 黄凯, 等. 地震波阻抗反演的粒子群算法实现[J]. 石油天然气学报, 2007, 29(3): 79-81, 505.

[58] 陈双全, 王尚旭, 季敏, 等. 地震波阻抗反演的蚁群算法实现[J]. 石油物探, 2005, 44(6): 551-553.

[59] 曾琴琴. 位场资料群智能反演方法研究[D]. 武汉: 中国地质大学(武汉), 2011.

[60] 李宁. 粒子群优化算法的理论分析与应用研究[D]. 武汉: 华中科技大学, 2006.

[61] REYNOLDS C W. Flocks, herds and schools: A distributed behavioral model[M]. New York: ACM, 1987.

[62] HEPPNER F, GRENANDER U. A stochastic nonlinear model for coordinated bird flocks[M]. KRASNER S. The ubiquity of chaos, New York:American Association for the Advancement of Science, 1990: 233- 238.

[63] KENNEDY J, EBERHART R C. A discrete binary version of the particle swarm algorithm[C]//1997 IEEE International Conference on Systems, Man, and Cybernetics. Computational Cybernetics and Simulation, Oct. 12-15, 1997, Orlando, FL, USA. Piscataway, NJ, USA: IEEE, 1997, 5: 4104-4108.

[64] SHI Y, EBERHART R C. A modified particle swarm optimizer[C]//1998 IEEE International Conference on Evolutionary Computation Proceedings, May 4-9, 1998, Anchorag, AK, USA. Piscataway, NJ, USA: IEEE, 1998: 69-73.

[65] SHI Y, EBERHART R C. Fuzzy adaptive particle swarm optimization[C]//Proceedings of the 2001 Congress on Evolutionary Computation, May 27-28, 2001, Seoul, Korea. Piscataway, NJ, USA: IEEE, 2001, 1: 101-106.

[66] ANGELINE P J. Using selection to improve particle swarm optimization[C]//1998 IEEE International Conference on Evolutionary Computation Proceedings, May 4-9, 1998, Anchorag, AK, USA. Piscataway, NJ, USA: IEEE, 1998: 84-89.

[67] CLERC M, KENNEDY J. The particle swarm-explosion, stability, and convergence in a multidimensional complex space[J]. IEEE transactions on evolutionary computation, 2002, 6(1): 58-73.

[68] FERNÁNDEZ-MARTÍNEZ J L, GARCÍA-GONZALO E, FERNÁNDEZ-ALVAREZ J P. Theoretical analysis of particle swarm trajectories through a mechanical analogy[J]. International journal of computational intelligence research, 2008, 4(2): 93-104.

[69] FERNÁNDEZ-MARTÍNEZ J L, GARCÍA-GONZALO E. PSO advances and application to inverse problems[C]//International Conference on Swarm, Evolutionary, and Memetic Computing, Dec. 16-18, 2010, Chennai, India. Berlin, Heidelberg: Springer, 2010: 147-154.

[70] POLI R, KENNEDY J, BLACKWELL T. Particle swarm optimization[J]. Swarm intelligence, 2007, 1(1): 33-57.

[71] MORI K, YAMAGUCHI T, PARK J G, et al. Application of neural network swarm optimization for paddy-field classification from remote sensing data[J]. Artificial life and robotics, 2012, 16(4): 497-501.

[72] LI X. A non-dominated sorting particle swarm optimizer for multiobjective optimization[C]//Genetic and Evolutionary Computation Conference Chicago, July 12-16, 2003, IL, USA. Berlin, German: Springer, 2003: 37-48.

[73] HUANG V L, SUGANTHAN P N, LIANG J J. Comprehensive learning particle swarm optimizer for solving multiobjective optimization problems: research articles[J]. International journal of intelligent systems, 2006, 21(2): 209-226.

[74] URADE H S, PATEL R. Dynamic particle swarm optimization to solve multi-objective optimization problem procedia technology[J]. Procedia technology, 2012, 6: 283-290.

[75] JUANG C F, WANG C Y. A self-generating fuzzy system with ant and particle swarm cooperative optimization[J]. Expert systems with applications, 2009, 36(3): 5362-5370.

[76] CHEN W N, ZHANG J, CHUNG H S H, et al. A novel set-based particle swarm optimization method for discrete optimization problems[J]. IEEE transactions on evolutionary computation, 2010, 14(2): 278-300.

[77] CHENG W, ZENG M, JIAN L. Solving traveling salesman problems with time windows by genetic particle swarm optimization[C]//2008 IEEE Congress on Evolutionary Computation, June 1-6, 2008, Hong Kong, China. Piscataway, NJ, USA: IEEE, 2008: 1752-1755.

[78] HE J, SHI D, WANG L. An adaptive discrete particle swarm optimization for TSP problem[C]//2009 Asia-Pacific Conference on Computational Intelligence and Industrial Applications, Nov. 28-29, 2009, Wuhan, China. Piscataway, NJ, USA: IEEE, 2009, 2: 393-396.

[79] MARINAKIS Y, MARINAKI M. A hybrid multi-swarm particle swarm optimization algorithm for the probabilistic traveling salesman problem[J]. Computers and operations research, 2010, 37(3): 432-442.

[80] JARBOUI B, CHEIKH M, SIARRY P, et al. Combinatorial particle swarm optimization(CPSO) for partitional clustering problem[J]. Applied mathematics and computation, 2007, 192(2): 337-345.

[81] FUKUYAMA Y, YOSHIDA H. A particle swarm optimization for reactive power and voltage control in electric power systems[C]//Proceedings of the 2001 Congress on Evolutionary Computation, May 27-30, 2001, Seoul, Korea. Piscataway, NJ, USA: IEEE, 2001, 1: 87-93.

[82] POURMOUSAVI S A, NEHRIR M H, COLSON C M, et al. Real-time energy management of a stand-alone hybrid wind-microturbine energy system using particle swarm optimization[J]. IEEE transactions on sustainable energy, 2010, 1(3): 193-201.

[83] CEDEÑO W, AGRAFIOTIS D K. Using particle swarms for the development of QSAR models based on K-nearest neighbor and kernel regression[J]. Journal of computer-aided molecular design, 2003, 17(2/3/4): 255-263.

[84] KAO Y, LEE S Y. Combining K-means and particle swarm optimization for dynamic data clustering problems[C]//2009 IEEE International Conference on Intelligent Computing and Intelligent Systems, Nov. 20-22 2009, Shanghai, China. Piscataway, NJ, USA: IEEE, 2009: 757-761.

[85] YANG S, LI C. A clustering particle swarm optimizer for locating and tracking multiple optima in dynamic environments[J]. IEEE transactions on evolutionary computation, 2010, 14(6): 959-974.

[86] SOUSA T, SILVA A, NEVES A. Particle swarm based data mining algorithms for classification tasks[J]. Parallel computing, 2004, 30(5/6): 767-783.

[87] 邱宁, 刘庆生, 曾佐勋, 等. 基于混沌-粒子群优化的磁法数据非线性反演方法[J]. 地球物理学进展, 2010, 25(6): 2150-2155.

[88] 曾琴琴, 王永华, 吴文贤. 二维磁异常的粒子群快速成像方法及其应用[J]. 吉林大学学报(地球科学版), 2013, 43(2): 616-622.

[89] SHAW R, SRIVASTAVA S. Particle swarm optimization: A new tool to invert geophysical data[J]. Geophysics, 2007, 72(2): F75-F83.

[90] TOUSHMALANI R. Gravity inversion of a fault by particle swarm optimization(PSO)[J]. SpringerPlus, 2013, 2(1): 315.

[91] PALLERO J L G, FERNANDEZ-MARTINEZ J L, BONVALOT S, et al. Gravity inversion and uncertainty assessment of

basement relief via particle swarm optimization[J]. Journal of applied geophysics, 2015, 116: 180-191.

[92] PALLERO J L G, FERNÁNDEZ-MARTÍNEZ J L, BONVALOT S, et al. 3D gravity inversion and uncertainty assessment of basement relief via particle swarm optimization[J]. Journal of applied geophysics, 2017, 139: 338-350.

[93] KENNEDY J. Small worlds and mega-minds: Effects of neighborhood topology on particle swarm performance[C]// Proceedings of the 1999 Congress on Evolutionary Computation, July 6-9, 1999, Washington, DC, USA. Piscataway, NJ, USA: IEEE, 1999, 3: 1931-1938.

[94] MENDES R, KENNEDY J, NEVES J. The fully informed particle swarm: Simpler, maybe better[J]. IEEE transactions on evolutionary computation, 2004, 8(3): 204-210.

[95] 杨伟新, 张晓森. 粒子群优化算法综述[J]. 甘肃科技, 2012, 28(5): 88-92.

[96] 赵乃刚, 邓景顺. 粒子群优化算法综述[J]. 科技创新导报, 2015, 12(26): 216-217.

[97] CLERC M. The swarm and the queen: Towards a deterministic and adaptive particle swarm optimization[C]//Proceedings of the 1999 Congress on Evolutionary Computation, July 6-9, 1999, Washington, DC, USA. Piscataway, NJ, USA: IEEE Service Center, 1999, 3: 1951-1957.

[98] 杨维, 李歧强. 粒子群优化算法综述[J]. 中国工程科学, 2004, 6(5): 87-94.

[99] 曾建潮, 崔志华. 一种保证全局收敛的 PSO 算法[J]. 计算机研究与发展, 2004(8): 1333-1338.

[100] 刘玉敏, 高松岩. 混合粒子群法在地震波阻抗反演中的应用[J]. 吉林大学学报(信息科学版), 2018, 36(5): 531-538.

[101] 高鹰, 谢胜利. 基于模拟退火的粒子群优化算法[J]. 计算机工程与应用, 2004, 40(1): 47-50.

[102] 俞欢军, 许宁, 张丽平, 等. 混合粒子群优化算法研究[J]. 信息与控制, 2005, 34(4): 118-122, 127.

[103] 张水平, 仲伟彪. 改进学习因子和约束因子的混合粒子群算法[J]. 计算机应用研究, 2015, 32(12): 3626-3628, 3653.

[104] VAN DEN BERGH F, ENGELBRECHT A P. Using cooperative particle swarm optimization to train product unit neural networks[C]//Proceedings of the Third Genetic and Evolutionary Computation Conference, Washington DC, USA. San Francisco, USA: Morgan Kaufmann, 2001: 78-82.

[105] 陈乃仕, 王海宁, 周海明, 等. 协同粒子群法在电力市场 ACE 仿真中的应用[J]. 电网技术, 2010, 34(2): 138-142.

[106] 刘天佑. 地球物理勘探概论[M]. 武汉: 中国地质大学出版社, 2007.

[107] LI Y, OLDENBURG D W. 3-D inversion of magnetic data[J]. Geophysics, 1996, 61(2): 394-408.

[108] 刘双. 3D 重磁约束反演及应用研究[D], 武汉: 中国地质大学(武汉), 2015.

[109] LIU S, HU X, LIU T. A stochastic inversion method for potential field data: Ant colony optimization[J]. Pure applied geophysics, 2014, 171(7): 1531-1555.

[110] LIU S, HU X, LIU T, et al. Ant colony optimisation inversion of surface and borehole magnetic data under lithological constraints[J]. Journal of applied geophysics, 2015, 112: 115-128.

[111] SHI Y, EBERHART R C. Parameter selection in particle swarm optimization[C]//International Conference on Evolutionary Programming, March 25-27, 1998, San Diego, USA. Berlin, Heidelberg: Springer, 1998: 591-600.

[112] NICKABADI A, EBADZADEH M M, SAFABAKHSH R. A novel particle swarm optimization algorithm with adaptive inertia weight[J]. Applied soft computing journal, 2011, 11(4): 3658-3670.

[113] TAHERKHANI M, SAFABAKHSH R. A novel stability-based adaptive inertia weight for particle swarm optimization[J]. Applied soft computing, 2016, 38: 281-295.

[114] EBERHART R C, SHI Y. Tracking and optimizing dynamic systems with particle swarms[C]//Proceedings of the 2001

Congress on Evolutionary Computation, May 27-30, 2001, Seoul, South Korea. Piscataway, NJ, USA: IEEE, 2001, 1: 94-100.

[115] PERAM T, VEERAMACHANENI K, MOHAN C K. Fitness-distance-ratio based particle swarm optimization[C]//Proceedings of the 2003 IEEE Swarm Intelligence Symposium, April 22-26, 2003, Indianapolis, IN, USA. Piscataway, NJ, USA: IEEE, 2003: 174-181.

[116] LIAO W, WANG J, WANG J. Nonlinear inertia weight variation for dynamic adaptation in particle swarm optimization[C]//International Conference in Swarm Intelligence, June 12-15, 2011, Chongqing, China. Berlin, Heidelberg: Springer, 2011: 80-85.

[117] YANG C, GAO W, LIU N, et al. Low-discrepancy sequence initialized particle swarm optimizationalgorithm with high-order nonlinear time-varying inertia weight[J]. Applied soft computing, 2015, 29: 386-394.

[118] 姜长元, 赵曙光, 沈士根, 等. 惯性权重正弦调整的粒子群算法[J]. 计算机工程与应用, 2012, 48(8): 40-42.

[119] ARUMUGAM M S, RAO M V C. On the improved performances of the particle swarm optimization algorithms with adaptive parameters, cross-over operators and root mean square(RMS) variants for computing optimal control of a class of hybrid systems[J]. Applied soft computing, 2008, 8(1): 324-336.

[120] CHATTERJEE A, SIARRY P. Nonlinear inertia weight variation for dynamic adaptation in particle swarm optimization[J]. Computers operations research, 2006, 33(3): 859-871.

[121] CHEN G, HUANG X, JIA J, et al. Natural exponential inertia weight strategy in particle swarm optimization[C]//2006 6th World Congress on Intelligent Control and Automation, June 21-23, 2006, Dalian, China. Piscataway, NJ, USA: IEEE, 2006, 1: 3672-3675.

[122] CHAUHAN P, DEEP K, PANT M. Novel inertia weight strategies for particle swarm optimization[J]. Memetic computing, 2013, 5(3): 229-251.

[123] TRELEA I C. The particle swarm optimization algorithm: Convergence analysis and parameter selection[J]. Information processing letters, 2003, 85(6): 317-325.

[124] ZHENG Y L, MA L H, ZHANG L Y, et al. On the convergence analysis and parameter selection in particle swarm optimization[C]//Proceedings of the 2003 International Conference on Machine Learning and Cybernetics, Nov. 5-5, 2003, Xi'an, China. Piscataway, NJ, USA: IEEE, 2003: 1802-1807.

[125] FERNANDEZ-MARTINEZ J L, GARCIA-GONZALO E. Stochastic stability analysis of the linear continuous and discrete PSO models[J]. IEEE trans evolutionary computation, 2011, 15(3): 405-423.

[126] PEREZ R E, BEHDINAN K. Particle swarm approach for structural design optimization[J]. Computers structures, 2007, 85(19): 1579-1588.

[127] FERNÁNDEZ-MARTÍNEZ J L, PALLERO J L G, FERNÁNDEZ-MUÑIZ Z, et al. The effect of noise and Tikhonov's regularization in inverse problems. Part II: the nonlinear case[J]. Journal of applied geophysics, 2014, 108: 186-193.

[128] CHEN X, PENG H, HU J. K-medoids substitution clustering method and a new clustering validity index method[C]//2006 6th World Congress on Intelligent Control and Automation, June 21-23, 2006, Dalian, China. Piscataway, NJ, USA: IEEE, 2006: 5896-5900.

[129] 周爱武, 于亚飞. K-Means 聚类算法的研究[J]. 计算机技术与发展, 2011, 21(2): 62-65.

[130] QI J, YE J, BAO S. Analysis of the geological features and genesis of the galinge rail multi-metal deposits[J]. Journal

Qinghai University(natural science edition), 2010, 28: 42-46.

[131] ZHANG H L, LIU T Y, ZHU C J, et al. The effects of applying high precision magnetic survey:a case study of the galinge ore district in qinghai province[J]. Geophysical geochemical exploration, 2011, 35(1): 12-16.

[132] 张德. 江苏韦岗铁矿磁铁矿的矿物学特征及其意义[J]. 江苏地质, 1994(1): 25-29.

[133] 刘鹏飞, 刘天佑, 杨宇山. Tilt 梯度算法的改进与应用:以江苏韦岗铁矿为例[J]. 地球科学(中国地质大学学报), 2015, 40(12): 2091-2102.

[134] 肖敏. 二维大地电磁粒子群优化算法反演方法研究[D]. 武汉: 中国地质大学(武汉), 2010.

[135] 刘彩云, 熊杰, 张涛, 等. 基于自适应粒子群优化和 MPI 的大地电磁并行反演算法[J]. 西南师范大学学报(自然科学版), 2016, 41(7): 50-54.

[136] 尹彬. 大地电磁数据非线性反演方法研究[D]. 武汉: 中国地质大学(武汉), 2017.

[137] 赵德杨. 地震波阻抗粒子群优化反演方法的研究[D]. 成都: 成都理工大学, 2014.

[138] 王丽. 粒子群波阻抗反演方法研究及应用[D]. 成都: 成都理工大学, 2011.

[139] 李刚毅, 蔡涵鹏. 基于粒子群优化算法的波阻抗反演研究[J]. 勘探地球物理进展, 2008(3): 187-191, 163.

[140] 张明秀. 粒子群算法在实际地震资料波阻抗反演中的应用[J]. 油气地球物理, 2013, 11(4): 41-43.

[141] 兰天, 桂志先, 夏振宇, 等. 粒子群优化算法波阻抗反演[J]. 断块油气田, 2016, 23(2): 176-180.

[142] 彭真明, 李亚林, 魏文阁, 等. 粒子滤波非线性 AVO 反演方法[J]. 地球物理学报, 2008, 51(4): 1218-1225.

[143] 谢玮. 非线性 AVO 反演方法研究及应用[D]. 北京: 中国地质大学(北京), 2016.

[144] 严哲, 顾汉明. 量子行为的粒子群算法在叠前 AVO 反演中的应用[J]. 石油地球物理勘探, 2010, 45(4): 516-519, 624, 466.

[145] LIU H B, WANG X K, TAN G Z J C. Convergence analysis of particle swarm optimization and its improved algorithm based on chaos[J]. Control decision, 2006, 21(6): 131-134.

[146] JIANG M, LUO Y P, YANG S Y. Stochastic convergence analysis and parameter selection of the standard particle swarm optimization algorithm[J]. Information processing letters, 2007, 102(1): 8-16.

[147] DENEUBOURG J-L, ARON S, GOSS S, et al. The self-organizing exploratory pattern of the argentine ant[J]. Journal of insect behavior, 1990, 3(2): 159-168.

[148] COLORNI A, DORIGO M, MANIEZZO V. Distributed optimization by ant colonies[C]//Proceedings of the First European Conference on Artificial Life, Dec. 11-13, 1991, Paris, France. Berlin, Heidelberg: Elsevier, 1991: 134-142.

[149] DORIGO M, MANIEZZO V, COLORNI A. Ant system: Optimization by a colony of cooperating agents[J]. IEEE transactions on systems, man, and cybernetics, Part B: cybernetics, 1996, 26(1): 29-41.

[150] DORIGO M, GAMBARDELLA L M. Ant colony system: A cooperative learning approach to the traveling salesman problem[J]. IEEE transactions on evolutionary computation, 1997, 1(1): 53-66.

[151] GAMBARDELLA L M, DORIGO M. Ant-Q: A reinforcement learning approach to the traveling salesman problem[M]// PRIEDITIS A, RUSSELL S. Machine learning proceedings 1995. San Francisco: Morgan Kaufmann, 1995: 252-260.

[152] GAMBARDELLA L M, DORIGO M. Solving symmetric and asymmetric TSPs by ant colonie[C]//Proceedings of IEEE International Conference on Evolutionary Computation, May 20-22, 1996, Nagoya, Japan. Piscataway, NJ, USA: IEEE, 1996: 622-627.

[153] DORIGO M, GAMBARDELLA L M. Ant colonies for the travelling salesman problem[J]. Biosystems, 1997, 43(2): 73-81.

[154] STIITZLE T, HOOS H. The MAX-MIN ant system and local search for the traveling salesman problem[C]//Proceedings of the 4th IEEE International Conference on Evolutionary Computation, April 13-16, 1997, Indianapolis, IN, USA. Piscataway, NJ, USA: IEEE, 1997: 1318-1320.

[155] GAMBARDELLA L M, TAILLARD E D, DORIGO M. Ant colonies for the quadratic assignment problem[J]. Journal of the operational research society, 1999, 50(2): 167-176.

[156] MANIEZZO V. Exact and approximate nondeterministic tree-search procedures for the quadratic assignment problem[J]. INFORMS journal on computing, 1999, 11(4): 358-369.

[157] MANIEZZO V, COLORNI A. The ant system applied to the quadratic assignment problem[J]. IEEE transactions on knowledge data engineering, 1999, 11(5): 769-778.

[158] DORIGO M, DORIGO M, MANJEZZO V, et al. Ant system for job-shop scheduling[J]. Belgian journal of operations research, 1994, 34: 39-53.

[159] STÜTZLE T, HOOS H H. MAX–MIN ant system[J]. Future generation computer systems, 2000, 16(8): 889-914.

[160] CORDÓN O, DE VIANA I F, HERRERA F, et al. A new ACO model integrating evolutionary computation concepts: The best-worst ant system[C]//Progress of the 2nd International Workshop on Ant Algorithms(ANTS 2000), Brussels, Belgium, 2000:22-29.

[161] 李勇, 段正澄. 动态蚁群算法求解 TSP 问题[J]. 计算机工程与应用, 2003, 39(17): 103-106.

[162] DORIGO M, STÜTZLE T. The ant colony optimization metaheuristic: Algorithms, applications, and advances[M]//GLOVER FRED W, GARY A. Handbook of metaheuristics. Boston: Springer, 2003: 250-285.

[163] 李士勇. 蚁群优化算法及其应用研究进展[J]. 计算机测量与控制, 2003, 11(12): 911-913.

[164] 段海滨. 蚁群算法原理及其应用[M]. 北京: 科学出版社, 2005.

[165] LEVANTO A. Symposium on the use of borehole data in geophysical exploration[J]. Geophysical prospecting, 1959, 7(2): 183-195.

[166] BOSUM W, EBERLE D, REHLI H J. A gyro-oriented 3-component borehole magnetometer for mineral prospecting, with examples of its application[J]. Geophysical prospecting, 1988, 36(8): 933-961.

[167] MORRIS W A, MUELLEQ E L, PARKER C E. Borehole magnetics: Navigation, vector components, and magnetostratigraphy[C]// SEG Technical Program Expanded Abstracts 1995. Tulsa: Society of Exploration Geophysicists, 1995: 495-498.

[168] SILVA J B, HOHMANN G W. Interpretation of three-component borehole magnetometer data[J]. Geophysics, 1981, 46(12): 1721-1731.

[169] LI Y, OLDENBURG D W. 3-D inversion of gravity data[J]. Geophysics, 1998, 63(1): 109-119.

[170] LI Y, OLDENBURG D W. Joint inversion of surface and three-component borehole magnetic data[J]. Geophysics, 2000, 65(2): 540-552.

[171] YANG Y, LI Y, LIU T, et al. Interactive 3D forward modeling of total field surface and three-component borehole magnetic data for the Daye iron-ore deposit(Central China)[J]. Journal of applied geophysics, 2011, 75(2): 254-263.

[172] ZHANG S. Process method study of oceanic satellite altimetry gravity data and its application in Okinawa Trough[D]. Wuhan: China University of Geosciences, 2003.

[173] 刘天佑. 位场勘探数据处理新方法[M]. 北京:科学出版社, 2007.

[174] LELIÈVRE P G, OLDENBURG D W. A 3D total magnetization inversion applicable when significant, complicated remanence is present[J]. Geophysics, 2009, 74(3): L21-L30.

[175] BHATTACHARYYA B. Two-dimensional harmonic analysis as a tool for magnetic interpretation[J]. Geophysics, 1965, 30(5): 829-857.

[176] ZEYEN H, POUS J. A new 3-D inversion algorithm for magnetic total field anomalies[J]. Geophysical journal international, 1991, 104(3): 583-591.

[177] BOULANGER O, CHOUTEAU M. Constraints in 3D gravity inversion[J]. Geophysical prospecting, 2001, 49(2): 265-280.

[178] PILKINGTON M. 3-D magnetic imaging using conjugate gradients[J]. Geophysics, 1997, 62(4): 1132-1142.

[179] SCHERZER O. The use of Morozov's discrepancy principle for Tikhonov regularization for solving nonlinear ill-posed problems[J]. Computing, 1993, 51(1): 45-60.

[180] COLTON D, PIANA M, POTTHAST R. A simple method using Morozov's discrepancy principle for solving inverse scattering problems[J]. Inverse problems, 1997, 13(6): 1477.

[181] GOLUB G H, HEATH M, WAHBA G. Generalized cross-validation as a method for choosing a good ridge parameter[J]. Technometrics, 1979, 21(2): 215-223.

[182] GOLUB G H, VON MATT U. Generalized cross-validation for large-scale problems[J]. Journal of computational graphical statistics, 1997, 6(1): 1-34.

[183] TIKHONOV A N, GONCHARSKY A V, STEPANOV V V, et al. Numerical methods for the solution of ill-posed problems[M]. Berlin:Springer Science and Business Media, 2013.

[184] SOCHA K, DORIGO M. Ant colony optimization for continuous domains[J]. European journal of operational research, 2008, 185(3): 1155-1173.

[185] 饶家荣, 金小燕, 曾春芳. 南岭中段北缘深部构造-岩浆(岩)控矿规律及找矿方向[J]. 国土资源导刊(湖南), 2006, 3(3): 31-36.

[186] 於崇文, 彭年. 南岭地区区域成矿分带性: 复杂成矿系统中的时-空同步化[M]. 北京: 地质出版社, 2009.

[187] LI J X, JIANG J, HU X P, et al. Geological features and genesis of the Mengku iron deposit in the Fuyun, Xinjiang[J]. Xinjiang geology, 2003, 21(3): 307-311.

[188] GUO Z, KANG J, QIU Y, et al. Volcanic sedimentary structure evolvement and mineralization of Mengku basin at south margin of Altai Mountain, Xinjiang[J]. Mineral resources geology, 2006, 20: 348-352.

[189] XIU L G, YANG F Q, LI J G, et al. Geology and geochemistry of the Mengku iron deposit, Fuyun County, Xinjiang[J]. Acta petrologica sinica, 2007, 23(10): 2653-2664.

[190] DANG Y X, YOU J, XU J H, et al. Characteristics of metallization of Mengku iron ore deposit in Altai, Xinjiang[J]. Xinjiang geology, 2010, 28(3): 280-283.

[191] FERNÁNDEZ-MARTÍNEZ J L, FERNÁNDEZ-MUÑIZ Z, PALLERO J, et al. From Bayes to Tarantola: New insights to understand uncertainty in inverse problems[J]. Journal of applied geophysics, 2013, 98: 62-72.

[192] FERNÁNDEZ-MARTINEZ J L, FERNÁNDEZ-MUNIZ Z, TOMPKINS M J. On the topography of the cost functional in linear and nonlinear inverse problems[J]. Geophysics, 2012, 77(1): 1-15.

[193] FERNÁNDEZ-MARTÍNEZ J L, MUKERJI T, GARCÍA GONZALO E, et al. Reservoir characterization and inversion uncertainty via a family of particle swarm optimizers[J]. Geophysics, 2012, 77(1): 1-16.

[194] TRONICKE J, PAASCHE H, BÖNIGER U. Crosshole traveltime tomography using particle swarm optimization: A near-surface field example[J]. Geophysics, 2012, 77(1): R19-R32.

[195] 李晓磊. 一种新型的智能优化方法—人工鱼群算法[D]. 杭州: 浙江大学, 2003.

[196] TU X, TERZOPOULOS D. Artificial fishes: Physics, locomotion, perception, behavior[C]//Proceedings of the 21st Annual Conference on Computer Graphics and Interactive Techniques. New York: ACM Press, 1994: 43-50.

[197] 刘刚. 一种人工鱼群法及其应用研究[D]. 上海: 华东理工大学, 2015.

[198] 王联国. 人工鱼群算法及其应用研究[D]. 兰州: 兰州理工大学, 2009.

[199] 姚正华. 改进人工鱼群智能优化算法及其应用研究[D]. 徐州: 中国矿业大学, 2016.

[200] HU X T, ZHANG H Q, LI Z C, et al. A novel self-adaptation hybrid artificial fish-swarm algorithm[J]. IFAC proceedings volumes, 2013, 46(5): 583-588.

[201] LI W, BI Y, ZHU X, et al. Hybrid swarm intelligent parallel algorithm research based on multi-core clusters[J]. Microprocessors and microsystems, 2016, 47: 151-160.